비주얼 교양 화학

Preface

우리와 함께 살아 숨쉬는 화학 이야기

저는 중학교 시절 헤밍웨이의 소설 '무기여 잘 있거라'를 읽고 꿈을 꾼 적이 있었습니다. 그 소설 속의 세상은 분명 현실보다 아름다웠고 나도 그 세상 속에 빠지고 싶다는 꿈! 그 꿈은 생각보다 오랫동안 지속되어 저를 또 한 번 놀라게 했습니다.

하지만 저는 고등학교의 입시 지옥의 생생한 삶의 현장을 거치면서 아름다운 꿈을 포기해야 했답니다. 얼마나 마음이 답답하고 우울했는지!

그런 고등학교 시절, 제가 다닌 학교에는 딱 두 분의 여선생님이 계셨습니다. 한 분은 여린 모습의 화학 선생님이셨고, 또 한 분은 우락부락한 남성미(?) 물씬 풍기는 지구과학 선생님이셨습니다. 남자들만 우글거리던 남자 고등학교에서 사실상 여선생님은 딱 한 분, 바로 화학 선생님뿐이었습니다. 그런데 이 선생님 성격이 너무 여려서 우락부락한 우리 반 친구들이 던지는 농담을 다 받아주셨답니다.

하루는 어떤 학생이 손을 번쩍 들고 "선생님, 질문있심더" 씩씩하게 입을 열었습니다. 그러자 이 선생님이 "뭔데요?"라고 했더니 글쎄 "선생님은 왜 호박꽃을 닮았심니꺼?"라는 것이었습니다. 잠시 반 아이들은 배를 잡고 한바탕 난리법석이 되었습니다. 그런데 이 선생님 왈 "호박꽃이 얼마나 예쁜데요"라는 것이 아니겠습니까.

이 선생님은 늘 이런 식이었습니다. 저는 이 선생님의 태도가 못마땅해 보였지만 왠지 이 선생님의 수업 시간만은 기다려졌습니다. 다른 친구들은 다 화학이 어렵다며 이 선생님 수업 시간만 되면 장난만 치려고 했지만 저는 좀 달랐습니다. 글쎄 이 선생님이 가르쳐 주는 화학이 그렇게 재미있고 또 그 속에서 다뤄지는 물질세계가 참 신기하게 느껴지는 것이었습니다.

결국 저는 순전히 이 선생님의 영향으로 남들이 그 어렵고 재미없다는 화학을 전공으로 선택하게 되었습니다. 그런데 화학에 대한 저의 꿈은 대학에 들어가는 순간 여지없이 무너지고 말았습니다. 대학에서 배우는 화학은 오로지 공식과 계산만 난무한 그야말로 저를 오리무중으로 빠져들게 했습니다. 아마 저의 방황은 이때부터 시작된 거 같았습니다.

가까스로 대학을 졸업하긴 했지만 저는 어릴 적 꿈 때문에 출판계에

Preface

입문하게 되었습니다. 그리고 지난 10년 여 동안 쭉 했던 일이 화학책을 만드는 일이었습니다. 물론 기존의 방식에서 전혀 벗어나지 못한 채 어렵고 재미없는 책만을 계속 만들어 냈습니다.

그러던 어느 날 문득 이런 생각이 들었습니다. '화학이 얼마나 재미있는 건데. 내가 지금 무슨 일을 하고 있는 거야!' 그리고 고등학교 시절 나에게 화학이 재미있다는 걸 가르쳐 주셨던 그 여선생님 얼굴이 떠올랐습니다.

이후로 저는 '만약 나에게 기회가 주어진다면 쉽고 재미있는 화학책을 한번 만들어보고 싶다!' 라는 생각을 하게 되었습니다. 꿈은 이루어진다고 했던가! 드디어 저에게 기회가 오게 되었습니다.

아마 여러분들은 열이면 아홉은 화학이 재미없고 어려운 학문이라고 생각할 것입니다. 어쩌면 그건 당연한 결과일지도 모르겠습니다. 화학이 어렵고 재미없는 학문이 된 이유에 대하여 저는 단호하게 이렇게 생각합니다. 우리를 그렇게 만든 건 화학이 아니라 우리나라의 잘못된 과학 교육 때문이라고! 좀 더 구체적으로 이야기한다면 과학 교과서와 서점에 깔려 있는 수많은 참고서와 문제집 때문이라고 말입니다.

물론 의아해하는 분들도 있겠지만 지금 과학 교과서나 참고서를 보는 학생들이 어떻게 화학이나 다른 과학의 분야에 대해 관심을 가질 수 있을까요? 이건 오로지 시험을 보기 위한 도구에 지나지 않는다는 생각밖에 들지 않습니다. 그런데 이 문제는 시험을 치르고 난 다음에 더 커지게 됩니다. 이제 더 이상 화학은 나와는 상관없는 것이 되어 버리기 때문이죠.

그러나 화학을 비롯한 과학은 그런 것이 절대 아닙니다. 과학이야말로 우리 생활과 신비한 자연의 비밀을 알려주는 소중한 존재입니다. 사실 조금만 고개를 돌려 주위를 살펴보면, 우리 자신을 포함해서 우리 주위를 둘러싸고 있는 모든 것이 신비의 베일에 싸여 있는 존재들이라는 사실을 알 수 있습니다.

Preface

세상의 물질이란 것이 그냥 덩어리가 뭉쳐져서 만들어진 것이 아니라 그 속에 놀라운 원자들이 존재하며, 이 원자들 또한 단순히 그냥 뭉치는 것이 아니라 놀라운 법칙에 따라 배열이 되어 있습니다. 또한, 이 원자 속의 세계는 마치 우주의 모습을 닮아 있습니다.

이것 외에도 수많은 자연의 신비가 과학에 의해 하나둘씩 벗겨지고 있다는 사실을 알게 되면 어느 누구라도 과학의 매력에 흠뻑 빠질 수밖에 없을 것입니다. 이런 멋진 과학이 어쩌다 마지못해 시험을 치러야만 하는 교과목으로 전락하고 말았는지 안타깝기 그지없습니다.

이런 즈음 삼양미디어에서 청소년들이 쉽게 읽을 수 있는 과학 시리즈물을 만든다는 기회를 접하게 되었고 화학책을 만들 수 있게 되었습니다. 이 책은 현 중·고등학교 화학 교육 과정에 나오는 내용을 다루되 그야말로 읽으면서 쉽게 이해할 수 있고, 또 재미도 느낄 수 있게 구성하였습니다.

여러분들 중, 혹 화학이 어렵다고 포기하신 분들이나 아직 화학에 흥미를 갖지 못하신 분들은 이 책을 그냥 소설 읽듯이 한 번 읽어 보기를 권합니다. 그러다 보면 어느 새 원자와 분자의 신비에 관심을 가지게 되며, 자신도 모르게 화학에 대한 많은 지식들을 습득하게 될 것입니다.

또한 이러한 지식들은 여러분들의 가슴에 오랫동안 간직되어, 오직 시험을 준비하기 위한 화학이 아니라 여러분들의 생활과도 깊숙이 연관된 친숙한 화학으로 다가올 것입니다.

모든 독자분들이 이렇게 되리라 믿어 의심치 않습니다. 저는 이런 꿈을 꾸며 이 책을 썼습니다. 부디 여러분들도 꿈을 가지고 멋진 인생을 사시길 바랍니다.

끝으로 이 책을 더욱 멋진 모습으로 만들어주신 삼양미디어 편집부 여러분들께 감사드립니다.

이 경 윤

감수글

다양한 화학의 세계를
풍성한 그림과 해설로 체험한다

    우리의 일상은 화학으로 눈떠서 화학과 함께 잠드는 것의 연속이라는 말이 있습니다. 그만큼 우리는 화학의 세계에 살고 있다고 해도 과언이 아닙니다.

    하지만 우리는 평소에 숨을 쉬면서도 공기의 존재를 별로 의식하지 못하는 것과 마찬가지로 우리의 주변 세계가 온통 화학으로 둘러싸여 있다는 것도 의식하지 못하면서 살고 있습니다.

    화학이 없다면 현대 생활의 편리함은 존재할 수 없다고 해도 틀린 말은 아닙니다. 가령 현재 우리가 입고 있는 옷의 대부분은 인조섬유로 만들어진 것입니다. 그뿐만이 아닙니다. 우리는 컴퓨터를 사용하면서 이것이 화학의 산물이라고는 전혀 생각하지 않습니다.

    하지만 화학이 없었다면 컴퓨터 역시 존재할 수 없었을 것입니다. 모든 컴퓨터에 쓰이는 반도체는 주원료인 실리콘에 여러 가지 불순물을 적당량 섞어 만듭니다. 이것은 반도체를 이루는 여러 물질들의 화학적 성질을 알아야만 가능한 것입니다.

    이렇듯 화학은 우리 생활의 구석구석에서 자신의 모습을 드러냅니다.

따라서 이 책은 우리 주변에서 흔히 볼 수 있는 현상에서 화학 원리를 설명하고 있습니다. 주기율표나 화학 공식을 따로 암기할 필요가 없습니다. 목마름을 풀기 위해 물을 마시다가, 음식의 간을 맞추기 위해 소금을 치다가 드는 의문들의 해답이 그대로 녹아 있는 것이 〈비주얼 교양 화학〉입니다.

이 책은 고리타분한 화학 방정식이나 실험 대신 오늘날의 실생활과 밀접한, 살아 있는 정보들을 제공해 줍니다. 원소와 기호로만 이해되기 쉬운 화학의 세계를 풍부한 자료를 통해 알기 쉽게 설명했고, 특히 풍부한 그림 자료는, 화학은 어렵고 따분할 것이라는 편견을 싹 가셔 줍니다. 아울러 화학 원소에서 나노 입자에 이르기까지 화학의 다양한 분야를 분석하여 설명해 주고 있어 수박 겉핥기식의 단편적인 지식 나열을 배제했습니다. 게다가 처음부터 끝까지 차례대로 읽어야 할 이유가 없습니다. 흥미로운 부분부터 먼저 읽어도 내용을 이해하는 데 전혀 문제가 없습니다.

우리 인류는 끊임없이 과학을 발전시키고, 기술을 개발해 현재와 같은 편안한 문명 생활을 이뤘습니다. 하지만 너무 편리함만 추구하다가 많은 문제를 만들어 내기도 했습니다. 우리 생활에서 없어서는 안 되는 플라스틱은 썩지 않는 성질로 인해 자연을 오염시키고 있습니다.

　현대인의 발이 되고 있는 자동차가 내뿜는 오염물질은 공기를 더럽히고 있고, 수많은 공장이나 가정에서 뿜어내는 이산화탄소는 지구의 온도를 자꾸 높이고 있습니다. 그러나 이런 문제들이 따른다고 해서 과학 없이 살 수도 없는 게 현실입니다. 파괴된 자연을 되살려야 하는 것은 당연하지만, 그렇다고 구석기 시대로 돌아가 돌도끼를 사용하고자 하는 사람은 아무도 없을 것입니다.
　역설적인 이야기지만 우리가 원시시대의 삶으로 돌아가지 않는 이상, 과학이 만들어 낸 문제는 과학을 통해서만 해결할 수 있습니다. 썩지 않는 플라스틱이 문제가 되자 미생물에 의해 분해되는 플라스틱이 개발된 것이 대표적인 예라고 하겠습니다.

앞으로 우리 삶의 모습이 어떻게 될 것인가는 우리가 과학을 어떻게 발전시키고, 어떻게 이용하는가에 달려 있습니다. 자연을 보호하고 되살리면서도 현대문명의 편리함을 누릴 수 있는 방법을 강구해야 한다는 말입니다.

그리고 그 시작은 무엇보다도 우리가 과학에 관심을 갖는 것에 있습니다. 생활 속의 풍부한 예를 통해 재미있게 화학의 세계를 들여다보게 하는 이 책이 여러분이 과학에 관심을 갖게 되는 계기가 될 것이라고 믿습니다.

이종호

Contents

Preface / 감수글

Chapter 1 화학의 기본 – 물질

01_ 화학의 관심은 온통 물질   23
02_ 물질을 구성하는 원자   27
03_ 진짜 성질을 가진 것은 나뿐! – **분자**   30
04_ 난 밋밋한 중성은 싫어! – **이온**   34
05_ 순물질과 혼합물   38

Chapter 2 원소들이 다 모였다! – 주기율표

01_ 물질들의 닉네임   43
02_ 우연히 발견한 원소의 공통성   50
03_ 주기율표 둘러보기   54
04_ 왜 같은 족 원소들은 성질이 비슷할까?   60
05_ 원소의 주기적 성질 엿보기   65

Chapter 3 · 비금속 원소들의 세계

01 _ 다이아몬드와 흑연은 모두 탄소 가족   71
02 _ 식물을 살리는 질소 가족   77
03 _ 생명의 원천 산소 가족   83
04 _ 금속과 친한 할로겐 가족   90

Chapter 4 · 금속 원소들의 세계

01 _ 반응의 최강자 – **알칼리 금속**   97
02 _ 나도 제법 잘 반응 한다 – **알칼리 토금속**   102
03 _ 역사를 주도한 금속들 – **철과 구리, 알루미늄**   106
04 _ 귀금속은 오히려 쉬웠다 – **금과 은**   112
05 _ 무거운 중금속들의 공격 – **수은, 납**   116

Contents

Chapter 5 재미로 보는 서로 대비되는 물질세계

01_물질 대 물질 123
02_도체·전해질과 부도체·비전해질 125
03_산과 염기(알칼리) 130
04_유기물과 무기물 139
05_물리 변화와 화학 변화 143
06_발열 반응과 흡열 반응 148
07_산화와 환원 154

Chapter 6 결합의 마술 – 화학 결합

01_화학의 묘미 – **미시 세계** 161
02_화학 결합이 물질을 만든다 170
03_이성 친구가 생겼다 – **이온 결합** 173
04_나한테 줘~ 난, 공유가 좋다 – **공유 결합** ... 177
05_남자들 사이의 단단한 우정 – **금속 결합** ... 183

Chapter 7 결합이 이루는 조화

01 _ 공유 결합 물질의 두 얼굴　　　　　　189
02 _ 와글와글, 극성인 분자들의 세계　　　192
03 _ 극성과 무극성 중 누가 더 셀까?　　　200
04 _ 물의 특별한 결합　　　　　　　　　　203

Chapter 8 미시 세계의 마법! – 몰

01 _ 세상에서 가장 작은 것은?　　　　　　211
02 _ 몰이 원자량과 분자량을 만들어 낸다　216
03 _ 몰(mol)이 꼬~옥 필요한 경우　　　　221
04 _ 몰을 이용하여 농도를 나타낸다　　　226

Contents

Chapter 9  생명의 보물창고 – 탄소 화합물

01_탄소 화합물 – **유기 화합물** 235
02_분류가 필요해 – **탄소 화합물의 분류** 238
03_작용기에 따라 탄소 화합물을 분류한다 244
04_탄소 화합물을 어떻게 부를 것인가! 247
05_탄소 화합물의 반응과 이성질체 249

Chapter 10 생활과 함께 하는 탄소 화합물

01_연료로 쓰이는 탄소 화합물 257
02_독특한 성질을 나타 내는 집단 – **작용기** 264
03_우리 생활 속의 벤젠 가족들 273

고분자 탄소 화합물의 세계

01_ 저분자로 고분자를 만든다   281
02_ 당(탄수화물)도 고분자 화합물이다   289
03_ 아미노산이 모여 고분자 단백질을 만들다   295

우리 생활 가까운 곳의 화학

01_ 세포를 위협하는 트랜스 지방   301
02_ 비누가 물과 기름을 섞다!   305
03_ 조상이 물려준 절임 배추의 과학   310
04_ 유전자는 어떤 물질일까?   314

Contents

Chapter 13 첨단으로 가는 화학

01 _ 이제 LCD가 지배한다   321
02 _ 파인 세라믹스를 아시나요?   324
03 _ 전기를 통하는 플라스틱   328
04 _ 원자력이 미래를 책임질 수 있을까?   331

화학은 물질을 다루는 학문이다. 따라서 화학에서 물질은 아주 중요한 존재이다. 이러한 물질을 탐구하기 위해서는 우선 그 물질의 성질을 알아야 한다. 물질이 무엇으로 이루어졌는지, 원자·분자·이온의 존재는 무엇인지, 이 세상의 물질을 어떻게 분류할 수 있는지 물질에 관한 사항들을 살펴보자.

물질을 다루는 학문의 등장

우리는 가끔 이런 질문을 하곤 한다. "지구상에 최초의 생명은 어떻게 탄생했을까? 그리고 최초의 인간은 누구일까? 또 최초의 컴퓨터는 어떻게 탄생했을까……?" 등등.

그렇다면 이제 이런 질문을 던져 보자. "화학이란 학문은 언제 최초로 시작되었을까?"

이 질문에 대한 답을 하기 위해서는 아주 오래전으로 거슬러 올라가야 한다.

고대 그리스에서 학자들 사이에 물질에 대한 끊임없는 논쟁이 있었다. 한편에서는 물질은 연속적인 것이며, 따라서 없어질 때까지 계속해서 쪼갤 수 있다고 생각했다. 이러한 생각을 연속설이라고 하는

데, 이러한 주장을 한 대표적인 사람은 아리스토텔레스다. 다른 한편에서는 물질을 계속 쪼개면 더 이상 쪼개지지 않는 궁극적인 입자가 남는다고 주장했는데, 이러한 생각을 입자설이라고 하며 대표적인 사람으로 데모크리토스가 있다.

우리는 이 논쟁의 승자가 후자라는 사실을 잘 알고 있다. 왜냐하면 물질을 이루는 가장 작은 입자가 있다는 사실을 알고 있기 때문이다. 지금 생각하면 우스꽝스러운 논쟁이지만 당시엔 꽤 심각했었다.

화학은 이렇게 시작되었다. 화학에서는 자연을 이렇게 바라본다. "자연은 결국 물질로 이뤄진 물질세계다. 그리고 그 물질도 또 더 작은 입자들이 모여서 만들어진 입자 세계다." 화학은 결국 물질을 탐구하는 학문, 더 나아가서 그 물질을 이루는 입자를 탐구하는 학문이다.

그런데 도대체 이 '물질'이란 무엇인가?

물질과 물체는 어떻게 다른가?

물질과 혼동하기 쉬운 것으로 물체가 있다. 화학에 조금이라도 관심을 가졌던 사람들이라면 누구나 한 번쯤 물질과 물체를 혼동한 경험이 있을 것이다. 사전에서도 물질과 물체를 거의 같은 뜻으로 해석하는 경우가 있다.

하지만 화학에서는 사정이 조금 다르다. 화학에서 물질이란 크기에 상관없이 질량과 부피를 가지고 있는 모든 것을 말한다. 그럼 여기서 말하는 질량과 부피는 무엇인가?

질량은 모양이 변하든 상태가 변하든, 지구상에 있든 달에 있든 간에 변하지 않는 실질적인 양을 말한다. 그리고 부피는 그 물질이 차지하고 있는 공간의 크기를 말한다. 이걸 종합해 보면 형태가 있는 그 무엇을 말한다는 것을 알 수 있다. 다른 것은 어느 정도 이해하겠는데 그렇다면 눈에 보이지도 않고, 만져지지도 않는 공기도 물질일까?

▲ 공기에도 부피가 있다

컵을 거꾸로 뒤집은 다음 물속에 넣으면, 물이 컵 안 가득 차지 않는다는 것을 알 수 있다. 이런 현상이 나타나는 이유는 컵 속에 있는 공기가 공간을 차지했기 때문이다. 즉, 이 현상은 공기에도 부피가 있다는 사실을 알려 준다. 좋다! 그러나 부피만 있다고 물질이 성립

되지 않는다. 그러기 위해서는 공기가 질량을 가지고 있어야 한다.

공기를 가득 채운 풍선의 질량을 잰 다음, 다시 이 풍선의 공기를 완전히 뺀 후의 질량을 재면 비록 미세하긴 하지만 서로 차이가 난다. 이 질량의 차이는 공기에도 질량이 있음을 알려 준다. 결국 공기는 부피와 질량을 가지고 있으니 물질에 속한다.

그렇다면 물체는 도대체 무엇일까? 이를 좀 더 쉽게 이해하기 위해, 가령 각각 종이와 유리, 그리고 철로 만들어진 물을 담는 용기를 생각해 보자. 우리는 이것을 컵이라고 부르는데, 이 컵들이 바로 물체이다. 즉, 물체란 물질을 재료로 하여 만들어진 것을 말한다.

그러나 컵이라는 물체를 만들고 있는 재료에 주목했을 경우, 그 재료를 물질이라고 한다. 즉, 종이, 유리, 철 등은 물질에 해당한다. 이러한 물질은 물리적·화학적 방법으로 분리하거나 분해할 수 있다. 화학에서 관심을 가지는 것은 물체보다는 물체가 만들어진 재료(성분)다. 즉, 화학에서 중요한 것은 물질이고, 화학의 관심은 물질세계다.

▲ 종이, 유리, 철로 만든 컵

물질을 구성하는 원자

놀라운 원자의 세계

이제 우리는 물체와 물질이 어떻게 다른지 알게 되었다. 그리고 화학이 관심을 갖는 대상은 물질이라는 것도 알게 되었다. 그런데 도대체 화학은 물질의 무엇에 관심을 갖는다는 말인가? 그것은 바로 물질을 구성하는 입자이다.

요리를 할 때, 간을 맞추기 위해서 소금을 사용한다. 그런데 그 소금을 자세히 살펴보면 소금 알갱이의 굵기가 제각각인 것을 알 수 있다. 알갱이가 굵은 천일염, 중간 크기의 맛소금, 그리고 죽염 같은 아주 가는 소금 등등. 다 같은 소금인데 모두 굵기가 다르다. 그런데 이렇게 굵기가 제각각인 소금을 계속 쪼개면 어떻게 될까?

우리는 소금을 계속 쪼개면 결국 원자라는(실제로는 전하를 띤 원자인

이온임) 아주 작은 입자에 도달한다는 것을 알고 있다. 원자는 매우 작아서 가장 작은 수소 원자의 경우 원자를 한 줄로 세워 1cm를 만들려면, 약 1억 개가 필요하다.

원자의 성질

세상 모든 물질이 바로 이 원자로 이루어져 있다. 19세기 초에 영국의 화학자 돌턴은 원자가 다음과 같은 네 가지 성질을 가지고 있다고 주장했다. 이것을 돌턴의 원자설이라고 한다.

1. 모든 물질은 화학적으로 더 이상 쪼갤 수 없는 원자로 이루어져 있다.
2. 같은 종류의 원자는 모두 크기와 질량이 같으며, 다른 종류의 원자는 크기와 질량이 서로 다르다.
3. 화학 반응이 일어날 때에 한 원소의 원자는 다른 원소의 원자로 바뀌거나, 없어지거나, 새로 생겨나지 않는다.
4. 한 화합물을 구성하는 한 원자와 다른 원자는 정해진 수의 비율로 결합한다.

여기서 중요한 것은 '화학적, 화학 반응'이란 말이다. 화학에서는 화학적, 화학 반응과 핵반응을 구분해서 사용한다. 왜냐하면 핵반응은 원자보다 더 작은 세계를 다루기 때문이며, 핵반응의 경우에 원자는 쪼개지고, 또 다른 원자로 변할 수도 있다.

그렇다면 이 세상의 물질들이 모두 이 원자로만 이루어졌을까? 똥딴지 같은 소리라고 생각할지도 모르지만, 원자가 결합하는 방식에 따라 이 세상의 물질은 다음과 같이 크게 두 가지로 나눌 수 있다.

1. 원자가 연속적으로 결합하여 이루어진 물질(예 : 다이아몬드, 흑연 등).
2. 원자가 결합하여 분자라는 입자를 만들고, 그 분자가 모여서 만들어진 물질(예 : 물, 드라이아이스 등).

사실 이 외에도 소금과 같이, 전하를 띤 원자(이온이라고 불림)들이 연속적으로 결합하여 만들어진 물질도 있다.

그런데 여기에서 갑자기 등장한 분자는 무엇이며, 또 전하를 띤 원자 즉, 이온이란 무엇일까?

돌턴의 원자설 중 수정되어야 할 것들

원자는 양성자와 중성자로 구성된 핵과 전자로 이루어져 있으므로 더 이상 쪼갤 수 없는 궁극적인 입자라고 볼 수 없으며, 실제 핵반응이 일어나면 원자가 쪼개지기도 한다. 또, 동위원소(같은 원자라도 질량이 다른 것)의 존재를 고려하면 같은 원소의 원자도 질량이 다를 수 있다.

03 진짜 성질을 가진 것은 나뿐! – 분자

분자, 그것이 알고 싶다

앞에서 물질을 구성하는 입자를 크게 원자, 분자 및 이온으로 나눈다고 했었다. 그런데 이들 중 그 물질의 성질을 나타내는 가장 작은 입자는 분자뿐이며, 원자나 이온까지 쪼개지면 그 물질의 성질을 잃어버린다.

그렇다면 분자란 정확히 무엇인가?

일단, 분자는 원자가 결합하여 이루어진다. 즉, 수소 원자와 산소 원자가 결합하여 물 분자를 만들고, 물 분자가 서로 결합하여 물을 만든다.

이러한 분자에게도 원자와 마찬가지로 다음과 같은 성질이 있다.

1. 분자는 서로 끌어당기는 인력이 있다.
2. 분자는 스스로 운동하는 분자 운동을 한다. 이 분자 운동은 온도가 높을수록 활발하고, 낮을수록 느리다.
3. 분자는 분자 운동에 의해서 퍼져 나가는 성질이 있다. 이를 확산이라고 한다.

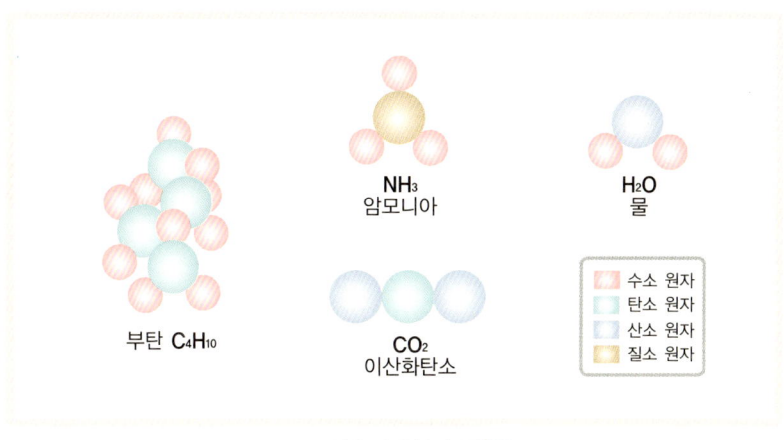

▲ 여러 가지 분자 모형들

분자는 상태에 따라 변한다

대부분의 물질은 위와 같은 분자의 성질에 따라 상태가 결정된다. 예를 들면, 물 분자가 서로 강하게 끌어당기고 있으면 분자는 규칙적으로 배열되면서 고체 상태인 얼음이 된다. 그러나 물 분자의 운동이 조금 활발해지면 분자끼리의 인력이 조금 느슨해져서 액체 상태인 물이 된다. 그리고 이제 물 분자의 운동이 아주 활발해지면 물 분자끼리의 인력은 더 이상 작용하지 않게 되고 분자 사이의 간격도 아주 멀어져 기체인 수증기로 된다.

다시 한 번 물질의 상태에 따라 분자의 운동과 배열을 정리해 보면 다음과 같다.

고체 상태에서는 분자끼리 끌어당기는 힘이 강하며, 분자들은 규칙적으로 배열되어 있다.

액체 상태에서는 분자 운동이 좀 더 강해져서 분자 사이의 인력에 변화가 생긴다. 즉, 분자 사이의 인력이 약해져서 여기저기로 움직일 수 있게 되므로 배열이 흐트러진다. 액체가 모양이 일정하지 않고 여러 모양으로 바뀔 수 있는 것은 이 때문이다. 그러나 아직 분자끼리는 끌어당기고 있는 상태이다.

기체 상태에서는 분자 운동이 너무 활발하여 분자끼리의 인력이 거의 없어진다. 따라서 분자 하나하나가 자유롭게 운동할 수 있으며, 분자 사이의 간격은 아주 멀어진다.

그런데 고체나 액체와는 달리 왜 기체는 눈에 보이지 않는 걸까? 분자는 원자와 마찬가지로 아주 작기 때문에 우리 눈에 보이지 않는다. 그런데 기체는 이 분자 사이의 간격이 아주 멀리 있는 물질이므로 기체일 때는 빈 공간이 더 많아 그 형태가 보이지 않는 것이다.

만약 기체 같기는한데 입자가 보였다면, 그것은 기체가 아니라 고체나 액체 입자이다. 예를 들면 물이 끓을 때 생기는 김은 기체가 아니라 액체 입자이다. 기체인 뜨거운 수증기가 찬 공기와 맞닿아 응결하여 잠시 액체 입자로 변하여 그렇게 보이는 것일 뿐이다.

전하량을 가진 이온

원자나 분자는 (+)전하나 (−)전하를 띠지 않는데, 이것을 '중성'이라고 한다. 이와는 달리 이온은 전기적 성질을 가진다. 그런데 이 이

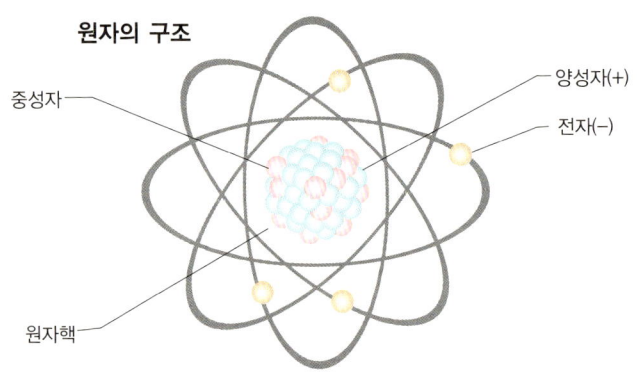

▲ 원자의 구조 그림

온은 원래 원자가 변하여서 만들어진 것이다. 그렇다면 원자가 어떻게 변했기에 전기적 성질을 갖는 이온이 된 것일까?

이러한 이온을 이해하기 위해서는 먼저 원자의 구조를 알아야 한다.

원자는 양성자와 중성자로 이루어진 원자핵의 주위를 전자가 둘러싸고 있는 구조를 가지고 있다. 원자핵은 (+)전하를 띠고 있다. 반면에 외곽의 전자는 (-)전하를 띠고 있다. 즉, 원자는 원자핵의 (+)전하량과 전자의 (-)전하량이 같아서 중성을 나타낸다.

원자들은 종류마다 원자핵 주위에 배치된 전자의 수가 정해져 있다. 예를 들면 수소 원자의 경우, 전자의 수는 1개다. 수소 원자의 전자가 1개인 이유는 수소 원자핵의 전하량이 +1이기 때문이다. 그러면 전자 1개의 전하량(-1)과 원자핵의 (+)전하량(+1)의 합이 0이 되므로 수소 원자는 중성이 되는 것이다.

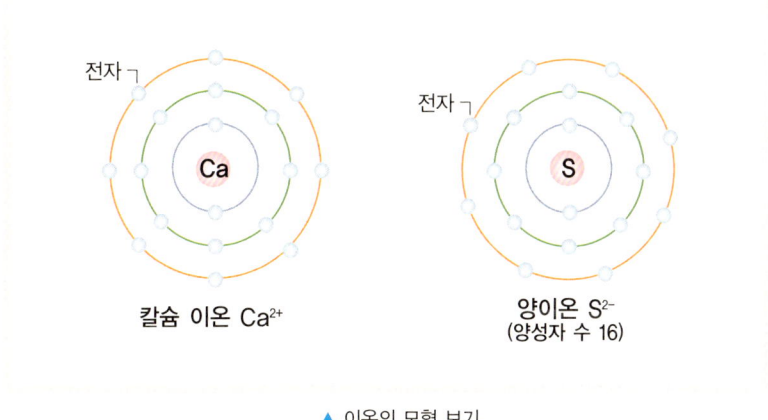

▲ 이온의 모형 보기

이온의 탄생

원자를 구성하는 입자 중에서 전자는 비교적 잘 움직일 수 있는 구조로 되어 있다. 그래서 원자 내부의 전자가 외부로 빠져나가거나 외부의 전자가 들어오는 경우가 생기게 된다. 앞에서 이야기했듯이 원자는 원자핵이 가지고 있는 (+)전하와 전자의 (-)전하가 같기 때문에 중성을 띠고 있다. 그런데 전자가 빠져나가거나 들어오게 되면 원자핵의 전하량과 전자의 전하량의 균형이 깨지게 된다. 그러면 원자는 (+)전하를 띠거나(전자가 빠져나간 경우), (-)전하를 띠게 된다(전자가 들어온 경우).

수소의 경우 전자가 빠져나가 이온이 된다. 즉, 수소는 (-)전하를 잃게 되므로 (+)전하를 띠게 된다. 반면에 플루오르는 (-)전하를 얻게 되므로 (-)전하를 띠게 된다. 이와 같이 원자가 전자를 다른 것에게 주면 준 전자의 수와 같은 (+)전하를 가진 양이온이 되며, 반대로 원자가 전자를 받으면 받은 전자의 수와 같은 (-)전하를 가진 음이온이 된다. 이렇게 해서 이온이 탄생하는 것이다.

예를 들어 전자를 1개 잃어버린 나트륨(Na) 원자의 경우 Na^+로 나타내고, 전자를 2개 잃어버린 마그네슘(Mg) 원자의 경우 Mg^{2+}로 나타낸다. 또한, 전자 1개를 얻은 플루오르(F) 원자의 경우 F^-, 전자 2개를 얻은 산소 원자(O)의 경우 O^{2-}로 나타낸다.

일반적으로 금속 원자는 양이온이 되기 쉽고, 비금속 원자는 음이온이 되기 쉽다. 예를 들면 금속 나트륨은 나트륨 양이온이 되기 쉽고 비금속인 염소는 음이온이 되기 쉽다. 그래서 이 둘은 전자를 주고받으면서 결합한다. 이렇게 해서 탄생한 물질이 바로 우리가 즐겨 먹는 '소금'이다!

05 순물질과 혼합물

비주얼 교양 화학

물질도 나눌 수 있다

'이 세상에 반은 남자, 이 세상에 반은 여자'라는 유행가 가사도 있듯이 사람은 크게 남자와 여자로 나눌 수 있다. 또, 좀 더 세분화하면 뚱뚱한 사람, 홀쭉한 사람, 키 큰 사람, 키 작은 사람 등으로도 나눌 수 있다. 그런데 물질도 이렇게 나눌 수 있다.

소금물을 예로 들어보자. 이 소금물을 완전히 증발시켜 버리면 소금만 남는다. 이를 통해 우리는 소금물은 물과 소금으로 이루어져 있다는 사실을 알 수 있다. 한편 이 소금과 물을 전기분해하면 소금은 염소와 나트륨으로, 물은 수소와 산소로 나뉜다. 하지만 염소나 나트륨, 수소, 산소는 어떤 화학적 방법을 사용해도 더 이상 다른 물질로 나뉘지 않는다.

이렇듯 물질은 크게 순물질과 혼합물로 나눌 수 있다. 즉, 앞에서 소금물과 같이 단순히 섞여만 있는 것을 혼합물이라 하고 소금이나 물과 같이 다른 물질과 섞이지 않은 순수한 물질을 순물질이라고 한다. 이러한 순물질은 다시 서로 다른 원자들이 화학적으로 결합하고 있는 화합물(소금, 물)과 더 이상 분해할 수 없는 물질인 원소(염소, 나트륨, 수소, 산소)로 나뉜다.

그럼 더 이상 나눌 수 없는 원소는 지구상에 몇 종류나 있을까? 원소에는 위에서 나온 원소 외에도 탄소, 철, 알루미늄, 구리, 나트륨 등 약 110여 종이 있다. 원소의 숫자가 의외로 적다고 생각될 수도 있다. 그러나 지구상에 있는 모든 물질이 이 원소들의 조합으로 만들어지기 때문에 우리가 상상할 수 없는 엄청난 종류의 물질이 존재하는 것이다.

생활 속에서 만나는 물질 – 혼합물

그런데 우리가 일상생활 속에서 만나는 물질들을 한번 살펴보자. 공기, 물, 밥, 국, 반찬, 사이다, 콜라, 빵 등등. 이들은 대부분 몇 가지 물질이 혼합되어 있다. 예를 들면 공기는 질소, 산소 등이 혼합된 것이고, 물도 사실은 순수한 물과 각종 무기염류가 혼합된 것이다. 즉, 우리 생활 속에서 만나는 물질들은 대부분 혼합물이다.

이러한 혼합물은 화학적으로 결합하고 있는 것이 아니기 때문에 손쉽게 더 작은 단위인 순물질로 분리할 수가 있다. 물질을 다루는 학문인 화학에서 이러한 다양한 혼합물에서 순물질을 얻어 내는 작업은 아주 중요한 분야다. 혼합물의 분리를 위해 화학에서 사용하는 방법으로는 거름, 증류, 분별깔때기, 크로마토그래피 등이 있다.

혼합물의 분리 방법

① **거름 장치** : 흙탕물과 같이 액체에 녹지 않는 고체를 분리할 때 사용하며, 물만 거름종이를 통과함으로 분리된다.

② **증류** : 소금물과 같이 고체가 녹아 있는 용액을 끓이면 액체만 기화하므로 고체(소금)만 분리해낼 수 있다.

③ **분별깔때기** : 그림과 같이 서로 섞이지 않는 액체 혼합물끼리 섞여 있을 때 분별깔때기를 이용하여 밀도의 차를 이용하여 분리해 낼 수 있다.

④ **크로마토그래피** : 혈액의 성분 분리나 잉크의 성분 분리 등 미세한 혼합물의 분리에 사용되는 방법이다.

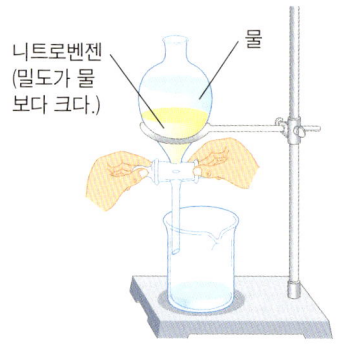

분별깔때기

물질을 구성하는 기본 성분을 '원소'라고 한다. 이러한 원소는 기호로 나타낼 수 있는데, 이것을 원소 기호라고 부른다. 지구상에 존재하는 원소는 총 110여 종이며, 이들 원소의 조합으로 세상 모든 물질이 만들어진다. 이러한 110여 종의 원소를 하나의 표에 나타낸 것이 있는데, 이것이 바로 원소의 주기율표이다. 이 장에서는 화학의 절반을 이해하는 것과 다름없는 원소의 주기율표에 대해서 알아본다.

물질들의 닉네임

비주얼 교양 화학

기호가 더 편리하다

예전부터 우리는 유명 정치인의 이름을 약자로 줄여서 불러왔다. 이것을 약칭이라고 하는데, 이러한 약칭은 최근 들어 단체의 이름이나 노래와 드라마의 제목 등 거의 모든 분야에서 사용되고 있다.

그런데 왜 정식 이름을 부르지 않고 이런 약칭을 사용하는 것일까? 답은 간단하다. 이름을 부르는 것보다 약칭을 사용하는 것이 편하기 때문이다.

그런데 물질들의 이름도 일일이 이름으로 나타내기에는 불편한 게 한두 가지가 아니다. 그래서 간단한 기호로 나타낸다. 예를 들어 나트륨의 경우를 생각해 보자. 이걸 계속 나트륨이라고 쓰기보다는 그냥 간단히 Na라는 기호로 나타내면 아주 간편하게 된다. 그래서 화학자들은 이 세상 모든 물질을 이루고 있는 기본 성분인 약 110여 종에 달하는 원소를 이름으로 나타내지 않고 각각 알파벳 1글자, 또는 2글자로 된 기호로 나타내기로 약속하였다. 이러한 기호를 원소기호라고 하며, 현재에는 전 세계에서 공통적으로 사용하고 있다.

이러한 원소기호는 1800년대 이전에는 그림이나 기호로 사용하였었다. 그러다 1800년대 초 스웨덴의 베르셀리우스라는 학자가 처음으로 알파벳으로 사용하자고 제안하여 오늘에 이르고 있다.

원소기호의 시대적 변천

① 중세의 연금술사 : 간단한 그림으로 나타냄
② 돌턴 : 원과 기호로 나타냄

▲ 돌턴의 원소기호

모든 원소는 원소기호로 나타낼 수 있다

우선, 앞에서 나온 원소에 해당하는 물질은 모두 원소기호로 간단히 나타낼 수 있다. 예를 들어 수소는 H, 산소는 O, 질소는 N, 탄소는 C, 황은 S 등으로 나타낸다. 또한 금속도 원소에 해당하므로 당연히 원소기호로 간단히 나타낼 수 있다. 구리는 Cu, 철은 Fe, 마그네슘은 Mg 등이다. 이와 같이 지구상에 있는 110여 종의 모든 원소는 간단히 원소기호만으로 나타낼 수 있다.

재미있는 원소 이름의 유래 이야기

원소의 이름은 원소를 발견한 사람과 그 역사적 배경에 따라 지어졌다. 먼저, 수소의 경우 그리스어의 물을 뜻하는 히드로(hydro)와, 생성한다는 뜻의 제나오(gennao)를 합쳐 hydrogne이라 부르게 되었다. 또한 구리의 경우, 옛날 구리의 산지였던 키프로섬의 라틴어 cuprum에서 유래했다고 한다. 칼륨의 경우 아라비아어인 jaljan(재) 또는 kal(가벼운)에서 유래했다. 헬륨의 경우가 가장 흥미롭다. 태양을 관측하다가 발견하였기 때문에 태양을 의미하는 그리스어 helios에서 따서 이름을 붙였다고 한다.

분자는 어떻게 나타낼까?

그런데 세상에는 원소만 있는 게 아니다. 가령 몇 가지 원자가 결합한 분자도 있다. 그러면 이러한 분자는 어떻게 기호로 나타낼 수 있을까? 조금만 생각하면 그리 어렵지 않게 답을 생각해낼 수 있다. 여러 원자가 결합해 분자가 만들어지므로 원소기호의 조합으로 분자를 나타낼 수 있다. 이렇게 분자를 기호로 나타낸 것을 분자식이라고 한다.

예를 들어 물의 경우 수소 원자 2개와 산소 원자 1개가 결합되어 있다. 따라서 수소와 산소의 원소기호인 H와 O를 사용하여 H_2O로 나타낸다. 수소 아래에 첨자로 붙은 것은 물 분자를 이루는 수소 원자의 개수를 나타낸 것이다.

이산화탄소의 경우는 어떤가? 이산화탄소는 탄소 원자 1개에 산소 원자 2개가 결합한 분자이다. 따라서 CO_2로 나타낸다. 그런데 만약 이산화탄소 분자가 2개 있을 경우는 어떻게 나타낼까? 이러한 경우는 $2CO_2$로 나타낸다. 즉, 이산화탄소 분자식 앞에 2를 붙여 분자의 개수를 나타낼 수 있다. 이처럼 원소기호를 사용하여 분자식을 만들면, 분자를 만들고 있는 원자의 종류와 개수는 물론 분자의 수까지도 확실하게 나타낼 수가 있다.

분자식의 예와 여러 가지 분자식

- 단원자 분자 : He(헬륨), Ne(네온), Ar(아르곤) 등
- 이원자 분자 : H_2(수소), O_2(산소), N_2(질소), HCl(염화수소), HBr(브롬화수소) 등
- 삼원자 분자 : O_3(오존), H_2O(물), CO_2(이산화탄소) 등
- 사원자 분자 : H_2O_2(과산화수소), NH_3(암모니아) 등

분자가 아닌 물질

물질 중에는 분자로 이루어지지 않은, 정확히 말해서 분자의 단위를 알 수 없는 물질들도 있다. 그러면 이러한 경우는 어떻게 기호로 나타낼 수 있을까?

금속이나 단원자로 이루어진 다이아몬드(원소기호 : C) 같은 경우는 그냥 원소에 해당하므로 원소기호로 나타내면 된다. 그러나 금속 원소의 원자와 비금속 원소의 원자로 이루어진 물질도 분자로 이루어져 있지 않은 물질이며 예를 들면 염화나트륨, 산화마그네슘, 산화알루미늄 등이 있다. 이런 물질들은 비록 분자의 단위는 알 수 없지만, 그 물질을 이루고 있는 원자수의 비율은 알 수 있다. 염화나트륨(NaCl)의 경우 염소 원자와 나트륨 원자가 1 : 1의 비율로 결합된 물질이다. 산화알루미늄(Al_2O_3)의 경우 알루미늄 원자와 산소 원자가 2 : 3의 비율로 결합되어 있는 물질이다. 이러한 물질들은 결합한 원자수의 비율을 기준으로 나타낸다. 즉, 염화나트륨의 경우 염소 원자와 나트륨 원자가 1 : 1의 비율이므로 NaCl로, 산화알루미늄의 경우 알루미늄 원자와 산소원자가 2 : 3의 비율이므로 Al_2O_3로 나타낸다. 그리고 이러한 경우에도 원소기호의 조합으로 나타낸 화학식(분자가 아니므로 화학식이란 표현을 쓴다)을 통하여 물질을 이루고 있는 원자의 종류와 개수의 비를 알 수 있다.

화학식이란 원소기호를 사용하여 모든 물질(원소, 분자, 화합물)을 식으로 나타낸 것을 통틀어 사용한 표현이다. 즉, 물질이 원소인 경우에 나타낸 원소기호도 화학식이고, 분자인 경우에 나타낸 분자식도 화학식에 포함된다.

화학식의 범위

분자식, 실험식, 시성식, 구조식 및 이온식을 통틀어 화학식이라고 한다. 물질에 대한 가장 자세한 정보를 제공하는 화학식은 구조식으로 물질의 대략적인 입체적 정보를 얻을 수 있다.

이온들도 이름과 기호가 있다

금속 원소와 비금속 원소가 결합하여 이루어지는 화합물의 경우 대개가 이온 화합물이다. 앞에서도 이야기했지만 금속은 전자를 잃기 쉽고, 비금속은 전자를 얻기 쉽기 때문이다. 이런 화합물의 대표 주자가 바로 염화나트륨(NaCl)이다. 즉, 염화나트륨은 금속인 나트륨 이온과 비금속인 염화 이온이 결합하여 만들어진 이온 화합물이다.

그런데 우리가 이런 이온 화합물을 다루기 위해서는 이온을 나타내는 식 즉, 이온식을 알아야 한다. 예를 들면, 나트륨 원자가 이온이 된 것은 Na^+, 염소 원자가 이온이 된 것은 Cl^-로 나타낸다. Na^+의 의미는 나트륨 원자가 전자를 1개 잃어버렸다는 뜻이고, Cl^-의 의미는 염소 원자가 전자를 1개 얻었다는 뜻이다. 마찬가지로 전자를 2개 잃어버렸다면 Ca^{2+}, 전자를 2개 얻었다면 S^{2-}로 나타낸다.

한편 이온에는 원자 한 개로 이루어진 것뿐만 아니라, 암모늄 이온(NH_4^+)이나 탄산 이온(CO_3^{2-})과 같이 원자단(원자의 집단)이 전하를 가진 이온도 있다.

▼ 각 이온들의 화학식

양이온				음이온			
수소 이온	H^+	마그네슘 이온	Mg^{2+}	염화 이온	Cl^-	산화 이온	O^{2-}
나트륨 이온	Na^+	칼슘 이온	Ca^{2+}	수산화 이온	OH^-	황화 이온	S^{2-}
은 이온	Ag^+	바륨 이온	Ba^{2+}	질산 이온	NO_3^-	탄산 이온	CO_3^{2-}
암모늄 이온	NH_4^+	구리 이온	Cu^{2+}	과망간산 이온	MnO_4^-	황산 이온	SO_4^{2-}

이러한 이온들의 이름을 부를 때에는 간단한 규칙이 있다. 즉, 양이온은 H^+을 수소 이온, Na^+을 나트륨 이온이라고 읽는 것처럼 원소 이름에 '이온'만 붙여서 읽으면 된다. 그러나 음이온은 원소 이름의 어미에 '~화 이온'이라는 말을 붙여서 읽는다. 예를 들면 Cl^-은 염화 이온, O^{2-}은 산화 이온이라고 읽는다. 마찬가지로 원자단 이온의 경우는 원자단 고유의 이름에 '이온'만 붙여서 읽으면 된다.

02 비주얼 교양 화학

우연히 발견한 원소의 공통성

원자의 몸무게

화학자들은 원자를 기호로 나타냄으로써 좀 더 편리하게 원자를 다룰 수 있게 되었다. 그러나 화학자들의 연구는 여기에서 그치지 않았다. 우리에게 몸무게가 있듯이 원자에게도 각자의 무게가 있다는 사실을 발견한 것이다.

그런데 현재는 거의 정확한 원자의 크기와 질량을 알고 있지만, 과거에는 어떻게 이러한 원자의 무게를 알아냈을까? 그들은 실험 결과를 기초로 한 상대적인 원자의 무게(질량)를 정하는 방법을 사용하였다. 즉, 어떤 원자 하나의 무게를 기준으로 삼은 다음, 다른 원자들의 경우 이 원자를 기준으로 한 상대적인 무게로 나타내는 방식을 사용했다. 예를 들면, 가장 가벼운 수소 원자를 1로 하고, 다음으로 탄소 원자는 12, 산소 원자는 16으로 정하는 방식이다. 이렇게 정한 원자의 무게를 원자량이라고 한다.

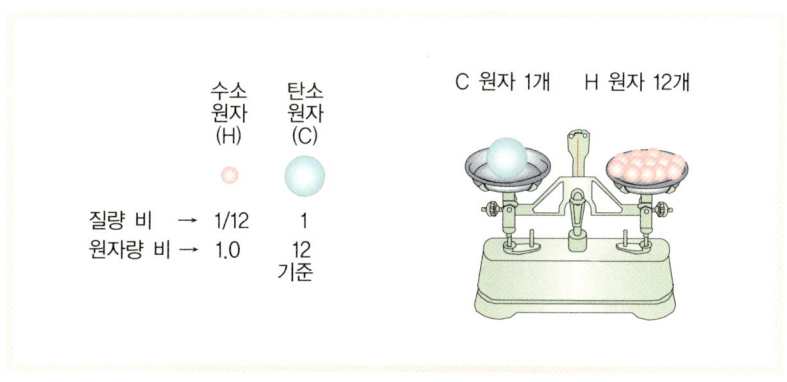

▲ C에 대한 H와 O의 상대적 질량

화학의 집, 원소의 주기율표를 만들다

1869년 당시에는 63종의 원소들이 알려져 있었다. 그해 어느 날 러시아의 화학자 멘델레예프는 이 63종의 원소들을 가지고 이리저리 배열하다가 특별한 발견을 하였다. 즉, 63종의 원소들을 원자량이 증가하는 순으로 나열하면 성질이 비슷한 원소가 주기적으로 반복된다는 사실을 발견한 것이다.

멘델레예프는 이러한 성질을 토대로 하여, 성질이 비슷한 원소가 가로로 배열되는 표(주기율표)를 만들었다. 그런데 이렇게 작업하다 보니 들어갈 원소가 없는 빈 칸이 발생했다. 그래서 그는 그 빈 칸이 생기는 이유가 아직까지 발견되지 않은 원소가 있기 때문이라고 생각하여 그 원소의 원자량과 성질을 예언하였다. 놀랍게도 수년 후에 그가 예언한 원소와 거의 성질이 비슷한 원소들이 발견되어 세상을 놀라게 했다.

▲ 멘델레예프(1834~1907년)

현재는 원소마다 원자량뿐만 아니라 원자번호가 매겨져 있다. 물론 현대의 주기율표 또한 원자량 순서가 아닌 원자번호 순으로 배열되어 있다. 이렇게 주기율표를 원자량 순서가 아닌 원자번호 순으로 다시 수정한 사람은 모즐리다.

1913년, 모즐리는 멘델레예프의 주기율표를 분석하다가 이상한 점을 발견했다. 즉, 원자량의 순서와 원소의 성질이 일치하지 않는 부분이 있었던 것이다. 뭔가 잘못됐다고 판단한 모즐리는 X선 분석 실험 결과, 각 원소들의 주기적 성질은 원자량보다는 원자번호와 밀접한 관계가 있음을 발견하였다. 그래서 원자번호 순으로 다시 원소들을 재배치하여 현재의 주기율표를 완성한 것이다.

현재 사용하는 주기율표는 모즐리가 만든 주기율표이다. 그러나 이러한 주기율표는 계속 변하고 있다. 왜냐하면 지금도 계속 새로운 원소가 만들어지고 있기 때문이다. 현재까지 발견된 원소는 110여 종을 넘어서고 있다.

옥타브 법칙

1863년 뉼랜즈(Newlands, 영국)는 원소들을 원자량 순서로 배열할 때 8번째 원소마다 화학적 성질이 비슷한 원소들이 반복되어 나타나는 것 발견하였다. 이것을 옥타브 법칙이라고 한다.

원소 vs 원자?

앞에서 우리는 원소라는 말이 갑자기 등장하여 원자라는 말과 혼동되어 쓰이고 있다는 사실을 알 수 있다. 이 부분은 특히 혼동되어 쓰이는 부분이므로 잘 이해하고 있어야 한다. 즉, 원자란 '입자' 개념으로 쓰이는 말이고 원소란 '성분' 개념으로 쓰이는 말이다. 즉, 크기나 질량과 같이 입자 개념으로 사용할 때는 원자라는 말을 쓰고, 어떤 물질의 구성 성분 이야기를 할 때는 원소를 사용한다.

또한, 원소는 원자보다 더 넓은 개념으로, 수소 원소는 여러 종류의 수소원자(수소 원자는 질량에 따라 여러 종류가 있음)를 모두 포함한다는 의미이다.

주기율표는 원소의 달력?

이제 이 세상에 존재하는 모든 원소를 한 곳에 나타낸 원소의 주기율표에 대해 알아보자.

▲ 주기율표(족은 왼쪽부터 순서대로 1족, 2족, …… 18족이라고 부른다. 또한 주기의 경우, 위에서부터 순서대로 제1 주기, 제2 주기, …… 제7 주기라고 부른다)

원소의 주기율표에서 가로줄을 족, 세로줄을 주기라고 한다. 우리가 달력을 보면 숫자만 보고도 오늘이 몇째 주, 무슨 요일인지 금방 알 수 있는 것처럼 주기율표를 보면 그 원소가 몇 족, 몇 주기인지 금방 알 수 있다.

주기율표를 소개합니다

주기율표의 원소는 크게 금속 원소와 비금속 원소로 나눌 수 있다. 그런데 대부분이 금속 원소이고, 비금속 원소는 전체의 20% 정도에 불과하다. 또한 금속도 비금속도 아닌 원소들도 있는데 B, Si, Ge, As 등이 그것이다. 이들은 특별히 양쪽성 원소라고 부른다.

양쪽성 원소

Al, Zn, Sn, Pb, Ga, Ge, In, Sb, Bi, Po (약 10종)
㉠ 주기율표에서 금속 원소와 비금속 원소의 경계 영역에 위치한 원소들로 금속과 비금속 원소의 성질을 모두 나타낸다.
㉡ 산, 염기와 모두 반응하여 수소 기체를 발생한다.

또한 주기율표의 원소들을 전형원소와 전이원소로 구분하기도 한다. 즉, 1족, 2족과 12~18족의 원소를 전형원소, 3~11족 원소를 전이원소라고 한다. 전이원소는 모두가 금속(주로 중금속)이지만 전형원소에는 금속과 비금속이 섞여 있다. 특히 18족에 해당하는 원소를 비활성 기체라고 한다. 이들은 모두 화학적으로 매우 안정하여 반응성이 거의 없는 단원자로 이루어진 기체들이다.

주기율표에 있는 원소들은 상온(약 25℃)에서 고체, 액체 및 기체로 존재한다. 즉, 수소, 산소, 질소 등은 기체로, 브롬은 액체로, 인, 황, 나머지 금속 등은 고체로 존재한다. 단, 금속 중 유일하게 수은만 상온에서 액체로 존재한다.

원자번호를 정하는 기준

원자는 원자핵과 (−)전하를 띤 전자로 이루어져 있다. 또한 원자핵은 (+)전하를 띤 양성자와 전기적으로 중성인 중성자로 이루어져 있다. 양성자와 중성자의 질량은 거의 같지만, 전자의 질량은 그렇지 못하다. 전자의 질량은 양성자의 1,840분의 1 정도밖에 되지 않는다. 그래서 보통 원자량(질량수)이라고 하면, 양성자의 질량과 중성자의 질량을 합한 질량을 뜻한다.

그런데 놀라운 것은 전자 1개가 가지는 전하는 양성자 1개가 가지는 전하와 크기가 똑같다는 사실이다. 단지 부호만 서로 다를 뿐이다. 그래서 보통 중성인 물질은 양성자의 개수와 전자의 개수가 같아 전기적으로 균형을 이루기 때문에 중성을 나타낼 수 있게 된다.

그러면 원자번호는 어떻게 정한 걸까?

원자핵에 들어 있는 양성자의 수는 모든 원소에서 다르게 나타난다. 이 양성자의 수로 나타낸 것이 바로 원자번호이다. 만약 전기적으로 중성인 원자라면, 당연히 양성자의 수 = 전자의 수일 것이므로 전자의 수도 원자번호와 같아진다. 예를 들어 수소의 경우 양성자가 1개(전자도 1개)이므로 원자번호가 1번이다. 또한 헬륨의 경우 양성자가 2개이며, 따라서 원자번호가 2번이다.

원자량 속에 숨겨진 비밀

수소는 양성자만 있고 중성자는 없다. 만약 전자 1개를 잃기 쉬운 수소가 전자를 잃게 되면 수소에게는 양성자 1개만 남게 된다. 이때의 수소를 양자(양성자)라고 표현하기도 한다. 따라서 수소의 질량수(원자량)는 양성자 1개만 해당되므로 1이 된다. 여기서 질량수란 양성자수와 중성자수를 합한 값을 말한다. 그러나 헬륨의 경우 양성자 2개와 중성자 2개로 이루어져 있다. 따라서 헬륨의 질량수는 이 둘을 합한 4가 된다.

그런데 주기율표를 자세히 보면 수소의 질량수가 1이 아니라 1.008이라고 되어 있고, 헬륨의 질량수도 4가 아니라 4.003으로 되어 있다. 이건 도대체 어떻게 된 일일까?

자연계에 존재하는 수소 원자의 종류는 단 1개만 있는 것이 아니다. 수소에는 아래 그림과 같이 양성자가 1개 있는 수소, 양성자 1개 + 중성자 1개가 있는 수소, 그리고 양성자 1개 + 중성자 2개가 있는 수소 등이 존재한다. 따라서 수소의 질량수는 1만 있는 게 아니고 2도 있고 3도 있다. 원자기호 왼쪽 상단에 표시된 숫자가 바로 질량수이다. 따라서 주기율표에서는 자연계에 존재하는 이들 수소 원자들의 평균 질량수의 값으로 나타낸다. 따라서 1이 아닌 1.008이라는 숫자로 표현된 것이다.

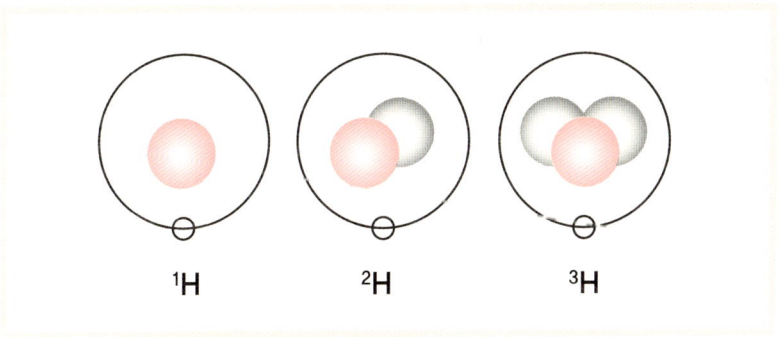

▲ 수소의 질량수는 양성자 및 중성자의 수에 따라 달라진다

주기율표의 원소기호 표시 방법

$${}^{Z}_{A}X^{g}_{n}$$

Z : 질량수 = 양성자수 + 중성자수
g : 원자번호 = 양성자수 + 전자수
A : 원자가
n : 원자의 개수

질량수 → 12
원자번호 → 6
C ← 원소기호

4 왜 같은 족 원소들은 성질이 비슷할까?

비주얼 교양 화학

우리는 가족 원소

전형원소 중 같은 족에 해당하는 원소들은 화학적으로 거의 비슷한 성질을 나타낸다. 그래서 이들을 가족(?)으로 묶어서 이름을 따로 부른다.

▶ 각 족의 이름

족	1	2	13	14	15	16	17	18
이름	알칼리 금속	알칼리 토금속	알루미늄 족	탄소족	질소족	산소족	할로겐	비활성 기체

1족 원소의 경우는 알칼리금속(수소 제외)이라고 부른다. 이들의 성질은 거의 비슷한데, 모두 가벼운 금속이며, 상온에서 물과 격렬히 반응하여 수소를 발생시킨다. 이들의 반응성이 아주 강한 이유는 이

들이 모두 전자 1개를 잃고 양이온이 되기 매우 쉽기 때문이다.

2족 원소의 경우는 알칼리토금속이라고 부른다. 이들은 공통적으로 전자 2개를 잃고 양이온이 된다. 또한 17족의 원소는 할로겐이라고 부르며, 이들은 모두 전자 1개를 얻어 쉽게 음이온으로 되려는 성질 때문에 반응성이 매우 크다. 그런데 왜 같은 족 원소들은 이렇게 서로 비슷한 성질을 나타내는 걸까?

최외각 전자배치에 비밀이 숨어 있다

같은 족 원소들이 비슷한 성질을 나타내는 데는 최외각 전자배치에 그 비밀이 숨어 있다. 그런데 최외각 전자배치란 무엇일까? 이 비밀을 풀기 위해 다시 원자의 구조를 들여다보자.

원자는 중심에 원자핵이 있고 원자핵 주위로 전자가 배치된 구조를 하고 있다. 그런데 이 전자들은 그냥 배치되는 게 아니라 각각의 전자껍질 속에서 규칙적으로 분포된다. 전자껍질은 전자들이 사는 방이라고 생각하면 되며, 원자핵을 중심으로 몇 개의 층으로 되어 있다. 과학자들은 이러한 전자껍질 각각의 방에 이름을 붙였는데, 원자핵에서 가까운 순서대로 K, L, M, N…… 이라고 한다.

이 전자껍질에는 규칙이 있는데, 각 방에 들어갈 수 있는 전자의 수가 제한되어 있다는 것이다. 즉, K껍질은 2개, L껍질은 8개, M껍질은 18개, N껍질은 32개이다. 그리고 각 원자는 최고 안쪽 방인 K껍질부터 전자가 차곡차곡 채워지게 된다.

　이제 각 원자의 전자를 이 전자껍질 속에 채워 보자. 같은 1족 원소인 수소와 리튬 그리고 나트륨의 예를 들도록 하겠다. 수소의 경우 전자가 1개이므로 K껍질에 1개 채워지면 그것으로 끝이다. 그리고 리튬의 경우 원자번호가 3번이므로 전자수가 3개다. 따라서 K껍질에는 2개, 나머지 1개는 L껍질로 배치된다. 나트륨의 경우 원자번호가 11번이므로 전자수가 11개이다. 따라서 K껍질에 2개, L껍질에 8개, 나머지 1개는 M껍질로 배치된다.

　여기서 주목할 게 있다. 위에서 마지막 전자들이 배치된 방(껍질)을 보라. 신기하게도 모두 전자가 1개씩만 배치된다. 이렇게 최외각 껍질에 배치된 전자를 따로 묶어서 원자가전자라고 부른다. 결국 1족 원소가 비슷한 성질을 나타내는 이유는 이 원자가전자의 수가 일치하기 때문이다. 즉, 물질이 반응을 일으킬 때 이 원자가전자들만 움직여 반응하기 때문에 원자가전자수가 같으면 비슷한 성질을 나타내게 되는 것이다.

주기와 전자껍질 및 원소수

주기	1	2	3	4	5	6	7
전자 껍질 수	1	2	3	4	5	6	7
최외각 전자 껍질	K	L	M	N	O	P	Q
원소수	2	8	8	18	18	32	미완성

최외각 전자껍질에서 꼭 지켜지는 규칙

그런데 이 마지막 전자들이 배치되는 최외각 전자껍질의 세계에는 꼭 지켜지는 규칙이 하나 있다. 그것은 최외각에 배치되는 전자의 수가 8개일 때 가장 안정된다는 것이다. 예를 하나 들면 비활성 기체라고 부르는 18족 원소들이 있다. 그런데 이들 원소들은 하나 같이 최외각 전자수가 8개로 동일하다. 그리고 이들 원소들은 모두 안정적이어서 거의 반응을 일으키지 않는다. 즉, 이들 원소들이 안정된 이유는 바로 최외각 전자수가 8개로 안정되기 때문이다. 그래서 다른 모든 원소들도 이 규칙을 기준으로 움직인다. 단, K껍질은 전자가 2개밖에 들어갈 수 없기 때문에 전자수가 2개 이하인 수소와 헬륨의 경우 안정하게 되는 기준이 2개가 된다.

원자가전자가 족을 결정한다

이제 주기율표의 각 족에 해당하는 원소들의 원자가전자수(최외각의 전자수)를 알아보도록 하자.

먼저 1족의 원소의 경우 원자가전자수는 모두 1개이다. 안정하게 되는 기준인 8개에 벗어나므로, 이들 원소들은 즉각 이 전자 1개를 날려 보내버리고 양이온이 되려고 한다. 그래서 1족 원소들은 하나 같이 반응성이 강하다.

2족 원소의 경우 원자가전자수가 모두 2개이다. 이들 역시 안정하게 되는 기준인 8개에 벗어나므로, 이들 원소들도 즉각 이 전자 2개를 날려 보내 버리고 양이온이 되려고 한다.

13족 원소의 경우 원자가전자수가 모두 3개, 14족 원소의 경우 4개, 15족은 5개, 16족은 6개, 17족은 7개, 18족인 비활성 기체는 앞에서 말한 대로 8개이다.

이 중에서 17족 원소인 할로겐을 살펴보자. 이들의 최외각 전자수 7개도 안정하게 되는 기준인 8개에 벗어난다. 이들 원소들의 경우 8개 규칙을 채우려면 오히려 전자 1개를 받아야 한다. 그래서 이들 원소들은 즉각 전자 1개를 받아서 음이온이 되려고 한다. 그래서 다른 원소들에 비해 반응성이 강한 것이다.

지금까지 다룬 규칙에 적용되는 원소들을 잘 살펴보면 모두 전형원소인 것을 발견할 수 있을 것이다. 그럼 전이원소의 경우는 어떻게 되는 것일까? 전이원소의 경우 모두 금속 원소로서 최외각 전자의 수가 1개나 2개이다. 이들은 예외로 족과 최외각 전자수가 일치하지 않는다.

원자의 크기도 규칙적으로 변한다

 화학자들은 원자의 크기를 원자 반지름의 크기로 비교한다. 이제 이 원자 반지름을 기준으로 주기율표에 있는 원자들의 상대적인 크기를 알아보도록 하자.

 우선 같은 족에서는 아래로 내려갈수록 원자 반지름이 커진다. 즉 원자의 크기가 커진다. 이러한 결과가 나타나는 이유는 아래로 내려갈수록 주기가 바뀌면서 전자껍질의 수가 증가하기 때문이다. 또한 같은 주기에서는 오른쪽으로 갈수록 오히려 원자 반지름이 작아진다. 즉, 원자번호가 작을수록(왼쪽으로 갈수록) 오히려 원자의 크기가 더 커진다는 이야기다. 왜 이런 현상이 생길까?

 그 이유는 원자핵의 인력과 관련이 있다. 즉, 오른쪽으로 갈수록 전자껍질 수는 그대로이나 원자핵의 (+)전하의 크기는 계속 커진다. 따라서 원자핵의 인력이 강해지고 전자를 더욱 강하게 끌어당기므로 오히려 원자의 크기가 작아지는 것이다.

그런데 여기에서 주의할 것은 이온이 되는 경우이다. 즉, 원자가 전자를 잃고 양이온이 되는 경우나, 원자가 전자를 얻어 음이온이 되는 경우에는 크기에 변화가 생긴다. 양이온의 경우 전자를 잃으면서 전자껍질 하나가 없어지게 되므로 크기가 작아진다. 그러나 음이온의 경우 전자를 하나 더 받아들이게 되므로 원자핵과의 인력에 균형이 깨지고 전자 사이의 반발력이 더 커지면서 크기가 더 커지게 된다.

▼ 원자 반지름의 크기

족 주기	1	2	13	14	15	16	17	18
2주기	Li 0.123	Be 0.089	B 0.080	C 0.077	N 0.075	O 0.073	F 0.072	Ne 0.159
3주기	Na 0.157	Mg 0.136	Al 0.125	Si 0.117	P 0.110	S 0.104	Cl 0.099	Ar 0.191
4주기	K 0.203	Ca 0.174	Ga 0.126	Ge 0.122	As 0.120	Se 0.117	Br 0.114	Kr 0.201 / Xe 0.220

① 금속 원소 : 원자 반지름 〉 양이온 반지름 → 양이온이 될 때 전자껍질 수가 감소하므로 예 $Na 〉 Na^+$

② 비금속 원소 : 원자 반지름 〈 음이온 반지름 → 음이온이 될 때 전자수 증가에 따른 전자끼리의 반발력이 증가하므로 예 $Cl 〈 Cl^-$

앞의 그림은 이를 구체적으로 보여 주는 것으로 아래 표에서 플루오르(F)와 플루오르가 전자를 하나 얻은 구조와 전자배치가 같은 네온의 크기를 비교해 보라. 원자가 이온이 될 때 크기가 얼마나 달라지는지 약간은 감이 올 것이다.

그 밖의 주기적 성질들

금속이나 비금속의 경우 산소와 반응하면 각각의 산화물을 만든다. 그런데 금속이 만드는 산화물과 비금속이 만드는 산화물의 성질은 180도 다르다.

대표적인 비금속 원소의 산화물로는 CO_2(이산화탄소), SO_3(삼산화황) 등이 있다. 이들은 물에 녹게 되면 다음의 경우처럼 산성을 나타내게 된다.

$$CO_2 + H_2O \rightarrow H_2CO_3 (탄산)$$
$$SO_3 + H_2O \rightarrow H_2SO_4 (황산)$$

그러나 금속 원소의 산화물인 Na_2O나 MgO 등이 물에 녹으면 염기성을 나타낸다. 다음의 예를 보라.

$Na_2O + H_2O \rightarrow 2NaOH$(수산화나트륨)
$MgO + H_2O \rightarrow Mg(OH)_2$(수산화마그네슘)

그래서 비금속 산화물을 산성 산화물이라 하고, 금속 산화물을 염기성 산화물이라고 한다.

이처럼 금속과 비금속은 경우에 따라 전혀 다른 성질을 나타내게 된다. 이러한 금속과 비금속성에 대해서도 주기율표에서는 일정한 규칙성이 있다. 즉, 주기율표에서 왼쪽 아래로 내려갈수록 금속성이 커지고 오른쪽 위로 올라갈수록 비금속성이 커진다.

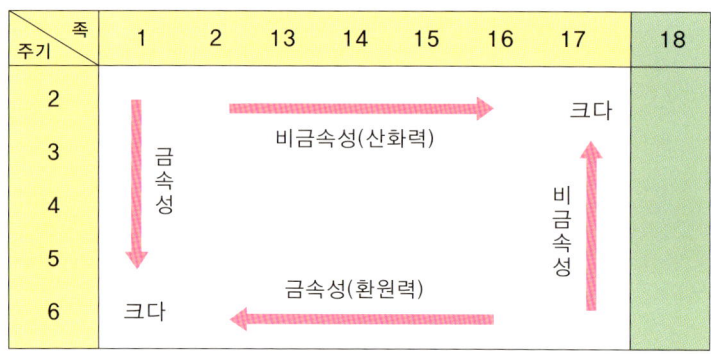

▲ 원자 반지름의 크기

chapter 3

비금속 원소들의 세계

이제 우리는 물질에서 출발하여 그 물질을 이루는 원소들의 집합체인 원소의 주기율표까지 알아보았다. 이제 그 원소의 주기율표에 나오는 원소 중 우리 생활에 중요한 비금속 원소 물질들에 대해 알아보고자 한다. 주기율표 상에서 14~18족 원소들을 비금속이라고 부른다. 이러한 비금속 원소들을 비슷한 성질끼리 분류해 보면 14족은 탄소족, 15족은 질소족, 16족은 산소족, 17족은 할로겐족, 18족은 비활성 기체로 각각 불린다. 이제 이 대표적인 비금속 물질들의 성질에 대해 하나 하나 살펴보도록 하자.

다이아몬드와 흑연은 모두 탄소 가족

탄소 가족들

화학에서는 생명과 관계된 화합물을 탄소 화합물이라고 한다. 왜냐하면 생명체를 이루는 화합물의 구성 원소에는 반드시 탄소가 포함되었기 때문이다. 우리 주변에서는 이러한 탄소로 이루어진 화합물이 수없이 많이 있다. 이러한 탄소 화합물은 매우 중요하므로 뒷부분에서 따로 다루기로 하고, 이곳에서는 주기율표의 14족에 해당하는 가족(C, Si, Ge, Sn, Pb) 중 탄소와 규소에 대해 알아보도록 하자.

흑연, 다이아몬드, 풀러렌이 같은 원소?

이 세상에서 가장 귀한 보석으로 사랑을 한 몸에 받고 있는 다이아몬드는 탄소 원소로만 이루어져 있다. 그리고 우리가 주로 샤프심을 사용하는 흑연 또한 탄소 원소로만 이루어져 있다. 그런데 신기하게도 분명히 똑같은 원소로 이뤄진 두 물질의 성질은 매우 다르다.

  이 둘이 분명히 같은 원소임에도 이렇게 다른 성질을 나타내는 것은 원자 구조의 차이 때문이다. 즉, 다이아몬드는 다음 그림과 같이 정사면체 구조를 하고 있어서 이 세상에서 가장 단단한 물질에 속하지만, 흑연은 여러 개의 층으로 이루어진 구조를 하고 있어서 가장 부서지기 쉬운 물질 중 하나에 불과하다. 흑연은 이런 특이한 결합 구조 때문에 부드러우며 전기를 잘 통하므로 전극이나 샤프심으로 이용되기도 한다.

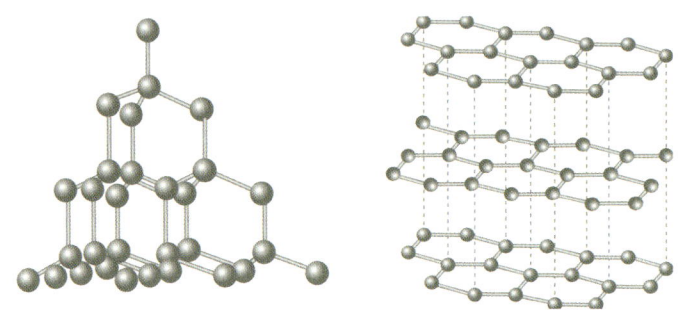

▲ 다이아몬드와 흑연의 원자 결합 구조도

한편 최근에는 축구공처럼 생긴 풀러렌(C_{60})이라는 탄소 60개로 이루어진 물질이 발견되었다. 풀러렌은 과학자들이 흑연 조각에 레이저를 쏘았을 때 남아 있는 그을음에서 발견한, 완전히 새로운 물질이다. 이 물질은 나노 화학과 관련하여 많은 과학자들의 주목을 한 몸에 받고 있는 물질이기도 하다.

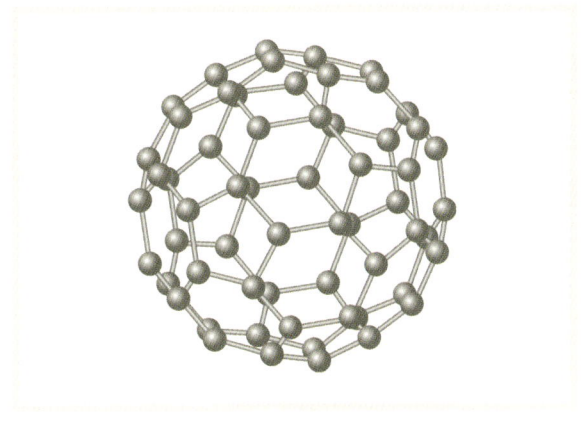

▲ 풀러렌의 분자 구조

이와 같이 같은 원소로 되어 있으나 모양과 성질이 다른 홑원소 물질을 동소체라고 한다. 단위 분자를 구성하는 원자수가 다른 것, 또는 같은 화학 조성을 가지지만 원자의 배열 상태, 결합 양식이 다른 것들이 서로 동소체 관계가 된다. 예를 들면, 산소(O_2)와 오존(O_3)은 모두 같은 원소인 산소 원자로 이루어져 있지만 그 원자수에서 차이가 나는 동소체이다. 원자의 배열 상태, 결합 양식에서 차이가 있는 동소체 관계는 흔히 결정에서 볼 수 있는데, 고무상황, 단사황, 사방황 등이 그 예에 속한다.

탄소와 산소가 만나면?

탄소나 탄소를 포함하는 화합물을 공기 중에서 연소시키면 이산화탄소(CO_2) 기체가 발생한다. 이는 탄소(C)가 산소(O_2)와 결합하기 때문에 생기는 현상이다.

이산화탄소는 우리에게 산소 다음으로 잘 알려진 기체다. 온실 가스의 주범으로, 우리가 숨을 내쉴 때 나오는 기체로, 또 불을 끄는 기체로 우리의 입에 자주 오르내리고 있다. 또한 최근에는 탄산음료 속에 들어 있는 물질로 주목 받기도 한다.

탄산음료에서도 알 수 있듯이 이산화탄소는 무색·무취의 기체로 물에 녹아서 약한 산성을 띤다. 그런데 이런 이산화탄소를 냉각시켜 고체로 만들 수도 있다. 우리는 고체 이산화탄소를 흔히 드라이아이스라고 부른다. 드라이아이스는 1기압일 때 −79℃에서 액체를 거치지 않고 직접 기체가 되기 때문에, 상온에서는 가만히 놔두기만 해도 흰 연기를 내면서 이산화탄소 기체로 변하고 만다.

그런데 탄소가 탈 때 불완전 연소를 하면 이산화탄소가 아니라 일산화탄소(CO)가 생긴다. 일산화탄소는 무색·무취의 기체이지만 인체에 치명적이어서, 옛날 연탄을 때던 시절에는 사람들의 목숨을 앗아가는 살인자의 역할을 하기도 했었다. 일산화탄소가 인체에 해로운 이유는 혈액 중의 헤모글로빈과 강하게 결합하여, 혈액이 산소를 나르는 일을 방해하므로 치명적인 결과를 가져오기 때문이다.

소개합니다. 규소 가족들!

규소(Si)는 탄소에 비해서는 잘 알려져 있지 않다. 그러나 규소는 지각 속에서 산소 다음으로 많이 존재하는 원소이다. 자연계에서는 규소 화합물로만 존재하며 인공적으로 규소 원소만으로 된 물질(홑원소 물질이라고 함)을 만들 수 있다. 이러한 규소 홑원소 물질은 다이아몬드와 같은 정사면체 구조를 가지고 있기 때문에 딱딱하고 녹는점도 매우 높다. 금속 광택이 있으며, 전기 전도성은 금속과 비금속의 중간 정도다. 규소의 이러한 성질은 금속과 비금속의 중간 정도에 해당하기 때문에 때로는 규소를 준금속으로 분류하기도 한다. 이러한 중간적 성질 때문에 규소는 반도체 원료로 쓰인다. 규소를 가열하면 이산화규소(SiO_2)가 만들어진다. 수정, 석영, 규사는 거의 이러한 순수한 이산화규소로 이루어져 있다.

지각을 이루는 8대 원소

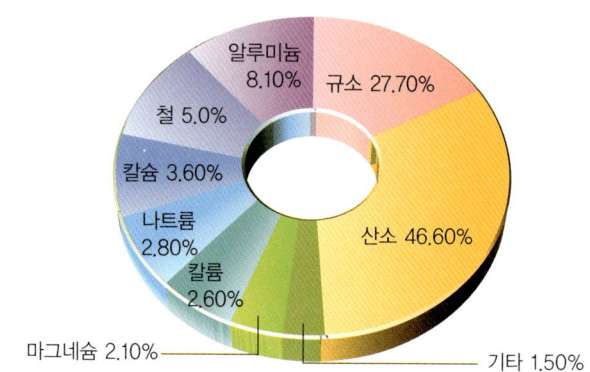

02 비주얼 교양 화학

식물을 살리는 질소 가족

공기의 대부분은 질소다

질소(N_2)는 산소나 수소보다 덜 유명하지만 사실 공기의 대부분(약 78%)을 차지하는 중요한 기체다. 질소는 반응성이 거의 없기 때문에 음식물을 오래 보존하기 위한 과자 봉지의 충전제로 사용된다. 슈퍼마켓의 진열대에 놓여 있는 과자 봉지들이 불룩한 이유는 그속에 질소 기체가 가득 들어 있기 때문이다. 반응성이 거의 없는 질소 기체가 과자의 변질을 막아 주는 역할을 하는 것이다.

또한 질소 기체를 액체로 만든 액체 질소는 냉각제로도 사용된다. 왼쪽 그림의 액체 질소에서 뿜어져 나오는 흰 연기를

▲ 액체 질소의 냉각 위력을 알 수 있는 실험

보면 액체 질소의 냉각 위력이 어느 정도인지 조금은 느껴질 것이다.

이 공기 중의 질소가 고온·고압의 상태에서 산소와 반응하면 무색의 기체인 일산화질소(NO)가 만들어진다. 자동차 엔진의 실린더 내에는 이런 조건이 갖춰지기 때문에 일산화질소가 잘 만들어진다. 자동차가 품어낸 일산화질소는 공기 중에서 재빨리 산화하여 적갈색의 기체인 이산화질소(NO_2)가 된다. 이산화질소는 물에 잘 녹고 특유의 냄새가 있으며 아주 유독하다. 그리고 이 이산화질소는 바로 산성비의 주범이기도 하다.

질소의 산화물

질소 산화물은 대기 오염을 일으키는 주범으로 유명하다. 이러한 질소 산화물의 종류에는 N_2O, NO, N_2O_3, NO_2, N_2O_5가 있다. 이것들은 통칭으로 NOx라고 부르기도 한다.

지독한 냄새의 주범

동물의 변에서는 지독한 냄새가 난다. 이 지독한 냄새의 주범은 암모니아(NH_3)이다. 동물이 먹는 음식물 중 유독 단백질 속에만 질소 원소가 들어 있다. 그런데 이 질소 원소가 몸속에서 대사 작용을 거치면 암모니아가 만들어진다.

암모니아는 무색의 자극적인 기체로 물에 매우 잘 녹는 인체에 해로운 기체이다. 그래서 동물들은 이 독한 물질을 몸에서 배출하려고 한다. 그게 바로 우리가 하루에 한 번 하는 배설(오줌)이다. 물론 사람과 같은 고등동물은 암모니아 형태로 배설하지 않고 냄새가 덜 나는 요소의 형태로 배설하기도 하지만, 우리 코를 자극하는 그 냄새의 주인공은 암모니아라는 사실은 알아 두자.

식물은 질소를 필요로 한다

그런데 아이러니하게도 식물에게는 동물의 배설물 속에 들어 있는 이 질소 원소가 절대적으로 필요하다. 그래서 동물의 배설물이 좋은 거름이 되기도 하는 것이다. 식물들은 자연 상태에서는 이 질소 원소를 잘 얻지 못한다. 그래서 질소 비료의 형태로 식물에게 뿌려줘야만 인간에게 많은 수확물을 제공할 수 있다.

제1차 세계대전 당시 이 질소 비료가 바닥이 나 식물이 허덕이고 있을 때 하버라는 사람이 암모니아를 합성하는 방법을 발견하게 된다. 그리고 질소 비료 문제는 완전히 해결되어 하버는 이 공로로 노벨상까지 받게 된다. 하버가 발견한 방법은 질소와 수소로부터 철을 주성분으로 하는 촉매를 이용하여 고온·고압에서 직접 반응시켜 합성하는 방법이다. 지금도 공업적으로 암모니아를 생산할 때 이 하버법을 사용한다.

비료 이야기가 나온 김에 식물이 필요로 하는 비료에 대해 알아보도록 하자. 식물의 생육에 필요한 원소들 중 탄소(C)는 대기 중의 이산화탄소(CO_2)에서, 수소(H)와 산소(O)는 물(H_2O)에서 흡수하여 보충한다. 그 밖의 원소들은 토양으로부터 무기염류의 형태로 흡수한다.

그런데 농작물의 경우, 해마다 거두어들이기만 하기 때문에 토양에 양분이 부족하여 이를 인위적으로 공급해 주지 않으면 식물은 살 수 없게 된다. 그래서 인공적으로 필요한 성분을 만들어 공급해 주는 것이 바로 비료이다. 비료는 주로 질소(N), 인(P), 칼륨(K)의 세 원소를 공급하기 위해서 만들어지는데, 이 3원소를 비료의 3요소라고 한다.

비료의 3요소

비료의 3요소 중 질소의 경우 잎의 생장에 좋고, 칼륨의 경우 뿌리의 발달에 좋으며, 또한 인산의 경우 열매의 생장에 좋다. 따라서 작물의 초기에는 주로 질소와 칼륨 비료를 주며, 열매가 맺힐 무렵부터 인산 비료를 주는 것이 좋다.

질소와 인이 문제를 일으키다

질소와 인의 공급원이 되는 암모니아나 질산염, 인산염이 다량으로 호수나 늪에 유입되면, 수생식물이나 조류가 급격하게 증식하여 부영양화(富榮養化)를 일으킨다. 부영양화란 우리가 가끔 호수 같은 데서 볼 수 있는 적조(물이 붉게 되는 현상), 녹조(물이 녹색을 띠는 현상) 현상을 말하는 것으로 수중의 영양염류의 농도(식물의 비료가 되는 질소 등의 영양분의 농도)가 증가하여, 수중생물이 크게 번식하는 현상을 말한다.

그런데 왜 질소와 인이 이런 문제를 일으키게 될까? 그것은 수중생물들 역시 육지의 식물과 마찬가지로 다른 영양분은 충분히 공급을 받는 데 반해 이 질소와 인은 항상 부족한 상태이기 때문이다. 그런데 갑자기 많은 질소와 인을 만나면 급격히 생장하고 증식하게 되므로 이런 문제를 일어나는 것이다.

▲ 녹조 현상

인도 중요하다

우리가 먹는 과자나 음료에는 인 성분(주로 인산)이 들어 있다. 한때 인이 우리 몸의 칼슘을 파괴한다고 해서 좋지 않은 소문이 나돌았으나 그것은 아주 과량으로 섭취했을 때 이야기다. 인은 우리 몸의 중요한 구성 성분 중의 하나로, 뼈를 이루는 성분이 바로 인산칼슘이다. 따라서 적당한 양의 인을 섭취하는 것은 필수적이다. 우리는 '뼈' 하면 칼슘만 생각하게 되는데, 뼈는 칼슘과 인산이 1 : 1의 비율로 결합할 때 튼튼해진다는 것을 명심해야 한다.

우리가 즐겨 마시는 콜라에도 인산이 들어 있다. 그러나 콜라에 들어 있는 인산은 영양소의 역할 때문에 들어갔다기보다는 톡 쏘는 맛을 강하게 내기 위해 들어갔다.

탄산음료에는 일반적으로 소비되는 식품이나 음료에 비해 인이 훨씬 적게 들어 있다. 보통의 소다수 227g에는 약 41mg의 인이 함유되어 있는데, 이는 성인을 위한 권장량의 6% 정도에 해당한다. 반면에 우유에는 227g당 228mg 정도의 인이 들어 있고, 땅콩 1/2컵에는 288mg정도의 인이 들어 있다. 임신부와 수유부를 포함한 18세 이상의 모든 성인에 대한 인 권장량은 하루 700mg이다.

03 비주얼 교양 화학

생명의 원천 산소 가족

싱그러운 산소, 무서운 오존

산소 원소는 두 얼굴을 가지고 있다. 하나는 우리에게 절대 필요한 산소 기체이고, 또 하나는 우리에게 치명적인 오존이다.

산소(O_2) 기체의 중요성에 대해서는 모두 알고 있듯이 두 말할 필요가 없을 정도이다. 지구 대기의 약 21%를 차지하며, 많은 생물들을 살아 숨 쉬게 하는 역할을 하고 있다.

사람에게 산소가 얼마나 중요한지 알려주는 것은 연탄가스 중독 사고이다. 지금이야 대부분 가스를 연료로 사용하지만 불과 얼마 전만 해도 연탄을 주 연료로 사용하던 시절이 있었다. 그 시절 가장 빈번하게 일어나는 사고가 연탄가스 중독 사고였다. 그리고 연탄가스에 중독된 사람들은 대부분 살아남지 못했다.

그런데 연탄가스에 중독된 사람들이 왜 생명을 잃게 되었을까? 그것은 연탄가스의 일산화탄소가 혈액의 산소 운반 기능을 정지시키기 때문이다. 즉, 우리 몸속에 산소가 흐르지 못해 생명을 잃게 되는 것이다. 우리에게 산소의 위력은 이 정도이다. 이렇게 우리 몸은 산소를 원하고 있다.

그런데 산소의 또 다른 얼굴이 있는데, 바로 오존이 그것이다. 산소 기체는 산소 원자 2개가 결합하여 만들어지지만, 오존은 산소 원자 3개가 결합하여 만들어진다.

오존(O_3)은 독특한 냄새가 나는 연푸른색의 유독한 기체로, 햇빛이 강하게 비치는 날 공기 중에서 산소와 반응하여 만들어진다. 그래서 무더운 여름철에는 오존이 만들어져 인간을 위협하므로 오존주의보나 오존경보를 내리기도 한다.

▲ 오존 경보 표지판

물론 오존이 무조건 나쁜 것만은 아니다. 오존은 여러 가지 물질을 탈색하는 성질이 있으므로 상업적으로 유기화합물(탄소 화합물의 다른 표현)의 표백제로 쓰인다. 또한 불쾌한 냄새와 향을 제거할 뿐만 아니라 균을 죽이는 성질이 있어 강한 살균제로도 사용된다.

하지만 오존의 가장 중요한 기능은 오존층의 효과이다.

대기의 상층에서는 태양에서 오는 자외선에 의해 오존이 만들어져서 오존층이 형성된다. 만약 자외선이 그대로 지상에 내리쬐면 지구상의 생물 중 살아남을 수 있는 것은 거의 없다. 그런데 대기 중의 오존층이 태양의 자외선을 흡수하여 지상 생물을 자외선으로부터 보호하는 역할을 하고 있다. 태양빛이 직접 내리쬐는 지상에서 생명이 살아갈 수 있는 것은 바로 오존층 덕분인 것이다.

산소가 만들어 내는 물질

산소는 다른 원소들과 화합하여 매우 많은 산화물(다른 원소가 산소와 결합한 형태의 화합물)들을 만들어 낸다. 지구상에는 산소가 만들어 낸 산화물의 천국이라고 해도 과언이 아닐 정도이다. 물(H_2O)도 산화물에 속하고, 대부분의 암석도 산화물이다. 심지어 광물들도 실제로 자연 속에서는 산화물의 형태로 존재한다. 이러니 지구의 지각을 이루는 원소 중 산소는 단연 으뜸을 차지한다.

대부분의 암석은 산소와 규소 성분을 포함하고 있는데, 지각을 구성하는 성분 요소는 산소〉규소〉알루미늄〉철〉칼슘〉나트륨〉칼륨〉마그네슘 순이다. 이들 8대 구성 원소는 지각 전체의 약 98%를 차지한다.

화산이 황을 뿜어낸다

지금으로부터 약 2천 년 전, 이탈리아의 남부에 자리 잡고 있던 폼페이는 최고의 전성기를 구가하고 있었다. 비옥한 캄파니아 평야의 관문으로 농업 및 상업의 중심지로 번창하였으며, 제정帝政 로마 초기에는 곳곳에 로마 귀족들의 별장들이 들어선 휴양지로 성황을 이루었다. 하지만 서기 79년 8월의 어느 날, 인근의 베수비오 화산이 폭발하면서 번영을 누리고 있던 도시 폼페이는 순식간에 화산재에 파묻히면서 최후를 맞고 말았다.

이처럼 화산이 폭발할 때 화산의 분출구에서는 황화수소(H_2S) 기체가 다량 배출된다. 그리고 이 황화수소가 공기 중의 산소와 반응하면 노란색의 황이 생성된다. 황은 이렇게 자연에 원소로 존재한다. 또한 지각에서는 황화물(황과 다른 원소가 결합한 화합물)의 형태로 존재한다.

황(유황)은 인간의 몸을 구성하고 있는 다양한 원소 중에서도 8번째로 많은 비율을 차지하고 있을 정도로 인체 내의 가장 기본적이면서도 가장 중요한 물질 중의 하나이다. 옛날에 전해내려 오는 이야기에 의하면 "유황을 우물에 넣어 두면 물속에 있는 독뿐만 아니라 우물 속에 있는 온갖 물질의 독까지도 다 제거한다"고 했을 정도로 황의 제독 효과는 뛰어나다.

 생체 원소의 종류

생체 원소는 생물이 살아서 숨쉬고 활동하는 데 필요한 원소로 산소(O), 수소(H), 질소(N), 탄소(C), 황(S), 나트륨(Na) 등을 포함한 14종류가 있다.

황이 만들어 내는 물질들

화산에서 폭발할 때 나오는 황화수소(H_2S)는 물에 잘 녹고 공기보다 무거운 무색의 기체로, 특유의 악취(달걀 냄새 비슷한)가 있으며 독성이 강하다. 우리가 보통 온천 같은 곳에 가면 유황 냄새가 난다고 말하는데, 이 유황 냄새의 정체가 바로 황화수소이다.

황을 태우면 무색의 자극성 냄새가 나는 이산화황 기체가 발생한다. 천연적으로 이산화황은 화산이나 온천 등에 존재하며, 황화수소(H_2S)와

▲ 화산 폭발

반응하여 황을 생성하기도 한다. 이산화황은 독성이 아주 강하여 공기 중에 0.003% 이상이 되면 식물이 죽고, 0.012% 이상이 되면 인체에 치명적인 해를 일으킬 수 있다.

또한 이산화황은 이산화질소와 함께 산성비를 일으키는 원인이 되는 기체이다. 화석연료(석유)의 경우 대개 황이 들어 있는데, 인간은 이 화석연료를 태워서 에너지를 얻는다. 그런데 이 화석연료에 들어 있는 황이 타면서 이산화황이 발생해, 공기가 오염되고 산성비가 생기는 것이다.

산성비가 생기는 과정을 살펴보면 이산화황이 산화되면 삼산화황(SO_3)이 생성되고, 삼산화황이 물과 반응하면 강한 산인 황산(H_2SO_4)이 생긴다. 이러한 강한 산인 황산이 빗물에 섞이므로 산성비가 생기게 되는 것이다. 황산의 경우 황산이 98% 이상 포함된 진한 황산과 묽은 황산으로 나누어진다. 그런데 이 둘의 성질은 많이 다르게 나타난다. 진한 황산은 무색의 끈기가 있는 비휘발성 액체이며, 수분을 강하게 흡수하는 성질이 있으므로 건조제에 이용된다. 또한 강한 탈수작용이 있어서, 탄소 화합물로부터 수소와 산소를 물의 형태로 빼앗아간다. 만약 설탕이 진한 황산과 반응하면 이 탈수 작용 때문에 시커멓게 변해 버린다.

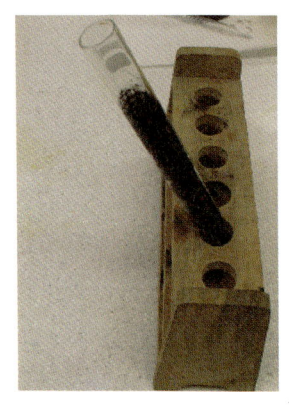

▲ 설탕의 탈수작용

그러나 진한 황산 상태로는 강한 산성의 성질을 나타내지 못한다. 이러한 진한 황산을 물로 희석하면 다량의 열이 발생하여 묽은 황산이 되면서 비로소 강한 산성의 성질을 나타낸다.

그런데 진한 황산으로 묽은 황산을 만들 때 주의해야 할 사항이 있다. 만약 물에다 진한 황산을 넣어 묽히면 엄청난 열로 인해 폭발할 수 있다. 이것은 진한 황산이 물과 반응하면 다량의 열이 발생하기 때문에 나타나는 현상이다. 그러므로 진한 황산을 묽힐 때에는 반드시 진한 황산에 물을 조금씩 가하면서 묽혀야 한다.

금속과 친한 할로겐 가족

비주얼 교양 화학

할로겐이란?

주기율표상의 17족 원소들인 플루오르(F), 염소(Cl), 브롬(Br), 요오드(I) 등을 할로겐 또는 할로겐족 원소라고 한다. 이들은 1가의 음이온으로 쉽게 변하며, 금속 원소와 반응하여 이온 결합 화합물을 만든다. 할로겐이라는 이름은 그리스어의 염을 뜻하는 alos와 만든다는 뜻의 gennan에서 유래하였다.

▲ 요오드를 물에 녹여 만든 용액

상온에서 플루오르와 염소는 기체로 존재하지만, 요오드는 고체 상태로 존재한다. 한편 브롬의 경우 상온에서 액체 상태로 존재하는데, 모든 비금속 원소 중에 유일하게 액체 상태로 존재하는 물질이다.

자극적인 할로겐 홑원소 물질

할로겐 원소는 2개의 원자가 결합하여 홑원소 물질을 만든다. 예를 들어 염소 원자 2개가 반응하여 염소 기체(Cl_2)가 만들어진다. 이렇게 만들어진 할로겐의 홑원소 물질은 반응성이 아주 커서 다른 물질과 반응하면 그 물질을 쉽게 산화시켜 버린다. 할로겐의 산화력의 세기는 플루오르, 염소, 브롬, 요오드 순으로 강하다.

불소라고도 불리는 플루오르 기체는 할로겐 원소 중 가장 반응성이 큰 연노란색의 자극성 기체이다. 반응성이 워낙 커서 거의 모든 원소와 결합하여 화합물을 만들어 낸다.

염소 기체는 황록색의 자극적인 냄새가 나는 기체로 공기보다 무겁다. 독성이 매우 강해 1차 세계대전 때는 독가스로 이용될 정도였다. 염소 기체는 무엇보다도 수영장이나 수돗물을 만드는 과정에서 소독제로 이용된다. 염소 기체를 물에 녹이게 되면 염소와 물이 반응하여 하이포아염소산(HClO)이라는 물질이 만들어진다. 이 하이포아염소산이 분해가 되면서 내놓는 활성 산소가 살균과 표백 작용을 한다. 이런 이유로 염소가 수돗물의 소독에 이용되는 것이다.

염소 기체와 물과의 반응식

$Cl_2 + H_2O \rightarrow HCl + HOCl$, $HOCl \rightarrow HCl + [O]$(활성 산소)

상온에서 유일하게 액체 상태로 존재하는 브롬 역시 적갈색을 띠는 매우 유독한 물질이다. 브롬도 염소와 마찬가지로 살균과 표백 작용을 하는 성질이 있다.

요오드는 승화성이 있는 물질이다. 고체일 때는 흑자색이나 승화하여 기체가 되면 보라색을 나타내며, 이 보라색 기체는 독성이 있다. 우리가 보통 상처가 났을 때 바르는 요오드팅크를 만드는 데에 쓰이기도 한다.

수소 + 할로겐 = 산

할로겐 원소가 수소와 반응하면 산이 만들어진다.

플루오르가 수소와 만나면 플루오르화수소(HF)가 만들어지는데, 이것은 약한 산성을 나타내며 유리병을 부식시키는 작용을 한다. 염소와 수소가 만나면 우리가 알고 있는 대표적인 강산인 염산(HCl)이 만들어진다. 그런데 염소와 수소가 반응하면 바로 염산이 만들어지는 것이 아니라 염화수소 기체가 만들어진다. 이 염화수소 기체는 물에 매우 잘 녹는데, 이 염화수소 기체가 물에 녹은 상태가 바로 염산이다. 이러한 염산은 사람의 위액으로도 분비되어 살균 작용을 하기도 한다.

또한 브롬과 요오드의 경우도 수소와 반응하면 브롬화수소(HBr)와 요오드화수소(HI)를 만들어 내는데, 이들은 모두 강한 산이다.

할로겐이 만들어 내는 화합물

염소를 알칼리와 반응시키면 엷은 녹황색의 액체인 치아염소산나트륨(NaClO)이 생긴다. 치아염소산나트륨도 강한 산화력과 표백이나 살균 작용을 한다. 그래서 식품의 살균제로 사용되는데, 주로 음료수나 채소 및 과일이나 용기·기구·식기 등의 살균에 사용된다.

그런데 염소가 유기물과 결합하면 유기 염소 화합물이 만들어진다. 유기 염소 화합물은 천연에는 거의 없고 대부분 인공적으로 만들어진다. 인공적으로 만들어진 유기 염소 화합물에는 다이옥신, PCB, 프레온 가스, 트리할로메탄, 트리클로로에틸렌 등이 있다.

그런데 이러한 유기 염소 화합물은 처음에는 좋은 목적을 가지고 만들었을지 모르나 현재는 생물체에게 나쁜 영향을 준다는 사실이 많이 알려지게 되었다. 연소 과정 등에서 생긴다는 다이옥신, 수돗물

트리할로메탄의 위협!

트리할로메탄은 수돗물을 염소로 소독하는 과정에서 생긴다고 알려져 있다. 이 물질은 환경오염을 일으키며 인체에도 암을 유발하는데 대표적인 트리할로메탄 물질로 우리가 알고 있는 클로로포름이 있다.

로 만드는 과정에서 생긴다는 트리할로메탄, 그리고 냉장고의 냉매로 사용되는 프레온 가스 등이 가장 큰 문제가 되고 있는 물질들이다.

다이옥신의 구조

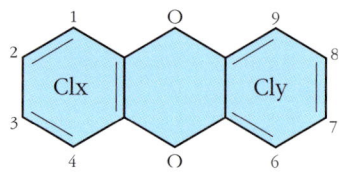

다이옥신 : 1개 또는 2개의 산소 원자에 2개의 벤젠고리가 연결된 3중 고리 구조에 1개에서 8개의 염소 원자를 갖는 다염소화된 방향족 화합물을 다이옥신이라고 한다. 이러한 다이옥신은 인체의 내분비계를 교란시켜 인체의 생리 작용을 파괴함으로써 암까지 유발할 수 있는 무서운 물질로 알려져 있다.

지구상 모든 원소를 한군데에 모아 놓은 주기율표의 대부분을 차지하는 것은 금속 원소이다. 그리고 실제로 이 금속 원소들로 이루어진 다양한 물질들이 우리 생활에 유용하게 사용되고 있다. 이 장에서는 이러한 금속 원소들 중 대표적인 알칼리 금속과 알칼리 토금속, 그리고 철, 구리, 알루미늄, 금, 은 등에 대하여 알아보고자 한다. 또 우리 생활을 위협하는 존재로 등장한 중금속 중 대표적인 수은과 카드뮴에 대해서도 알아보도록 하자.

01 비주얼 교양 화학

반응의 최강자
– 알칼리 금속

물과 만나면 불이 나는 알칼리 금속

주기율표의 1족에 해당하는 원소 중 수소를 제외한 나머지 원소 리튬(Li), 나트륨(Na), 칼륨(K), 루비듐(Rb) 등을 알칼리 금속이라고 한다. 이들은 물과 반응하면 격렬하게 반응하여 알칼리성 용액을 만들기 때문에 알칼리 금속이라는 이름이 붙었다.

이 금속들의 반응성은 상상을 초월한다. 주로 물과의 반응성을 알아보기 위해 실험실에서 나트륨을 사용하는데, 반드시 아주 작은 나트륨 알갱이로 실험해야 한다. 그 크기가 좁쌀만한 나트륨 정도면 그래도 안정되게 실험하며 관찰할 수 있다. 물과 격렬하게 반응하면서, 마치 드라이아이스를 물에 띄운 것처럼 흰 연기 모양의 수소 기체가 발생하는 것을 볼 수 있을 것이다.

그러나 나트륨 알갱이의 크기가 쌀알 정도의 크기가 되면 이야기가 달라진다. 이때는 물과 강하게 반응하여 폭발할 수도 있고 불이 붙을 수도 있다. 폭발할 경우 실험실이 위험에 처할 수도 있으니 반드시 좁쌀만한 크기로 실험해야 한다.

알칼리 금속들의 이러한 반응성은 주기율표의 아래쪽으로 내려갈수록 더 커진다. 따라서 칼륨 알갱이를 물에 넣었을 경우 곧바로 불이 붙어 버릴 정도이다.

▲ 리튬

▲ 나트륨

▲ 물과 칼륨의 반응

이러한 알칼리 금속들은 밀도가 아주 작아 가볍게 느껴진다. 또한 칼로 자르면 잘릴 정도로 무르고 부드럽다. 그리고 녹는점이 아주 낮아서 조금만 열을 가해도 쉽게 녹아 버린다.

또한 물과 심하게 반응하여 수소를 발생시키고, 수산화물을 만든다. 이때 만들어지는 수산화물은 강한 염기(알칼리)이다. 예를 들어 나트륨이 만드는 수용액인 수산화나트륨, 칼륨이 만드는 수용액인 수산화칼륨 등 강한 염기의 대표 물질들을 바로 이 알칼리 금속들이 만들어 내고 있다. 알칼리 금속은 반드시 석유 속에 넣어 보관하는데, 이는 물과 반응하는 것을 막기 위해서이다.

강한 염기의 대명사, 수산화나트륨

우리 생활 가운데 수산화나트륨을 가장 쉽게 접할 수 있는 것은 비누이다. 비누 제조에 수산화나트륨이 사용되며, 이 때문에 비누가 미끌미끌한 성질을 갖는다.

▲ 수산화나트륨

염기의 본래 성질 중 대표적인 것으로 단백질을 녹이는 성질이 있다. 그런데 우리의 피부 조직은 단백질로 되어 있으므로 이 피부의 단백질과 비누의 수산화나트륨이 만나면서 피부의 표면을 약간 녹이기 때문에 미끌미끌한 느낌을 받게 되는 것이다. 수산화나트륨은 가성소다라고도 하는데, 이는 피부를 부식하는(가성苛性) 나트륨(소다)이란 뜻으로 쓰이는 말이다.

수산화나트륨(NaOH)은 반투명의 흰색 고체이며, 공기 중에 방치하면 수증기를 흡수하여 스스로 녹아 강한 염기성을 띤다. 이를 화학에서는 조해성(공기 중의 수분을 흡수하여 스스로 녹는 성질)이라고 한다.

수산화나트륨은 공업적으로 염화나트륨 수용액을 전기분해하여 만든다. 즉, 염화나트륨 수용액을 전기분해하면 (-)극에서 수산화나트륨이 수소 기체가 함께 생성된다.

공기 중에서 가루가 되는 탄산나트륨

탄산나트륨은 흰색의 고체 물질로 물에 녹아 약한 염기성을 나타내는 물질이다. 역시 우리 생활 가운데서는 주로 비누에서 볼 수 있다. 빨래비누를 공기 중에 놓아 두면 표면에 흰 가루 같은 것이 생긴 것을 볼 수 있는데, 이 흰 가루가 바로 탄산나트륨이다.

앞에서 말한 대로 비누의 성분인 수산화나트륨은 공기 중의 이산화탄소를 흡수하는 성질이 있다. 이 때문에 수산화나트륨과 이산화탄소가 반응하게 되면 탄산나트륨이 만들어진다. 일반적인 탄산나트륨은 분자 내에 수분을 포함하고 있다. 하지만 탄산나트륨을 공기 중에 놔두면 수분을 모두 잃게 되기 때문에 흰 가루가 되는 것이다.

빵을 만드는 데 쓰이는 탄산수소나트륨

어릴 때 누구나 뽑기라는 것을 먹어 본 적이 있을 것이다. 설탕을 불에 녹인 다음, 거기에 베이킹파우더를 넣으면 녹은 설탕이 부풀어 오른다. 이것이 뽑기인데, 그 맛이 일품이라 아이들을 유혹하기에 손색이 없다.

이처럼 녹은 설탕을 부풀어 오르게 하는 베이킹파우더의 주성분이 바로 탄산수소나트륨($NaHCO_3$)이다. 탄산수소나트륨은 열을 가하면 분해되어 이산화탄소와 수증기를 발생한다. 이 때문에 설탕이 부풀어 오른 것이다.

이러한 탄산수소나트륨은 빵을 만드는 데에도 쓰인다. 빵을 만들 때 밀가루 반죽에 탄산수소나트륨을 넣고 구우면 빵이 부풀어 오르는 것도 설탕이 부푼 것과 같은 원리이다.

이러한 탄산수소나트륨은 물에 녹아 약한 염기성을 띤다.

▲ 탄산수소나트륨을 넣고 구운 빵

나도 제법 잘 반응한다 - 알칼리 토금속

알칼리 토금속

알칼리 금속 못지않게 반응성이 큰 금속들이 있다. 바로 알칼리 토금속들이다. 이들은 주기율표상의 2족에 속하는 베릴륨(Be), 마그네슘(Mg), 칼슘(Ca), 스트론튬(Sr), 바륨(Ba) 등이다. 이들은 모두 전자 2개를 잃고 이온으로 되려는 성질이 있기 때문에 반응성이 강한 편이다.

따라서 이들 역시 알칼리 금속 다음으로 반응성이 크다. 이들의 반응성은 베릴륨과 마그네슘을 제외한 나머지 금속들을 물에 넣으면 반응을 일으키면서 수소 기체를 발생시키는 정도이다. 베릴륨과 마그네슘도 찬물에서는 반응을 일으키지는 않지만, 끓는 물에서는 반응을 일으킨다.

알칼리 토금속들은 알칼리 금속만큼 물에 잘 녹지는 않으나, 원자번호가 증가할수록 물에 잘 녹고 염기성도 커진다.

나도 강한 염기, 수산화칼슘

수산화칼슘($Ca(OH)_2$)은 물에 잘 녹는 편은 아니다. 그럼에도 불구하고 수산화칼슘은 수산화나트륨과 함께 대표적인 강한염기에 속한다. 이것이 가능할 수 있는 것은 물에 녹은 일부 수산화칼슘이 거의 대부분 이온화하기 때문이다. 즉, 물에 녹아 염기성을 나타내는 수산화 이온($OH-$)을 많이 만들어 내기 때문에 강한 염기성을 나타내는 것이다.

이러한 수산화칼슘을 물에 최대한 녹인 수용액을 석회수라고 한다. 석회수는 화학 실험실에서 많이 쓰이며 주로 이산화탄소의 검출에 사용된다. 즉, 석회수에 이산화탄소를 불어넣으면, 물에 녹지 않는 탄산칼슘이 생기면서 뿌옇게 변하기 때문에 이산화탄소를 검출할 수 있다.

▲ 석회수를 이용해 이산화탄소 검출하기

내가 바로 대리석 - 탄산칼슘

탄산칼슘($CaCO_3$)은 석회암이나 대리석, 그리고 조개나 달걀 껍데기를 이루는 주성분으로, 물에 녹지 않는 흰색 가루이다. 그런데 탄산칼슘은 산에 녹는 성질을 가지고 있다. 그래서 산성비가 내리면 석회암으로 만들어진 구조물이나 대리석으로 만들어진 건축물이 손상을 입게 되는 것이다. 이러한 이유로 외국에서는 산성비에 의해 대리석 구조물들이 피해를 입는 사례들이 속출하고 있다.

최근 우리나라에서도 이 산성비에 의해 우리의 유물이 손상되는 일이 있었다. 경복궁에 보관되어 있던, 우리나라에서 거의 유일하게 석회암으로 만들어진 경천사지 10층 석탑이 산성비에 의해 서서히 손상되기 시작한 것이다. 그래서 이 경천사지 10층 석탑을 산성비의 피해로부터 구하기 위한 조치가 취해졌다. 그동안 경복궁의 실외에 노출되어 보관하고 있던 이 석탑을 국립중앙박물관이 새로 건립되면서 국립중앙박물관의 실내로 이동시켜 놓은 것이다. 그래서 석회암으로 만들어진 경천사지 10층 석탑은 산의 위협으로부터 지켜지게 되었다.

또한 강원도 삼척이나 영월에 가면 신비의 석회동굴을 볼 수 있다. 이러한 동굴은 석회암(탄산칼슘) 지대에서만 만들어진다. 이러한 동굴도 이산화탄소가 녹아든 물(약한 산성)이 석회암의 갈라진 틈새에 스며들면서 석회암을 녹여 큰 구멍이 만들어지면서 생긴 것이다.

우리에게 너무 고마운 염화칼슘

염화칼슘($CaCl_2$)은 겨울에 눈이 와서 빙판이 만들어질 때, 이 빙판을 녹이는 물질로 사용된다. 만약 염화칼슘이 없다면, 우리의 겨울 모습은 크게 바뀔 것이다. 거대한 빙판 길로 인해 도시의 도로는 꽉 막혀 꼼짝도 하지 못하는 상태가 되고 말 것이다.

흰색의 고체 가루인 이 염화칼슘을 빙판 위에 뿌리면 빙판은 염화칼슘과 반응하므로 서서히 녹게 된다. 그리고 한번 녹은 빙판은 아무리 기온이 낮아져도 더 이상 얼지 않는다. 도대체 어떻게 이게 가능한 것일까?

우선 염화칼슘과 빙판이 반응하면 염화칼슘이 녹으면서 열이 발생한다. 그리고 이렇게 만들어진 혼합물의 녹는점은 급격히 낮아진다. 이러한 원리로 녹은 빙판은 어는점이 아주 낮은 상태이므로 우리나라의 겨울 온도 정도에서는 더 이상 절대 얼지 않는다.

▲ 염화칼슘 뿌리는 모습

03 역사를 주도한 금속들
– 철과 구리, 알루미늄

최초로 발견한 금속은?

인류가 최초로 발견한 금속은 어느 것일까? 이것을 알기 전에 먼저 생각해야 할 것이 있다. 즉, 지금처럼 금속 제련의 기술이 발달되지 않은 과거에는 자연 속에서 쉽게 채취할 수 있는 금속의 순서로 발견했을 것이란 이야기다. 여러 금속 중 금과 은 등의 귀금속과 구리를 제외한 금속들은 대부분 자연 상태에서 화합물의 형태로 광석 속에 들어 있다. 따라서 이들 화합물 속에서 순수한 금속을 얻어내는 것이 쉽지 않기 때문에 쉽게 얻을 수 있는 구리와 금과 은 등의 발견이 다른 금속에 비해 먼저 이루어졌다. 그리고 광석 속에 화합물의 형태(주로 산화물)로 들어 있던 철의 제련법이 개발되면서 철의 발견이 이루어졌다.

최근 우리 생활 속에서 철과 구리 못지않게 많이 사용되는 알루미늄의 경우 거의 근대에 이르러서야 발견하게 되었는데, 이것도 나름대로의 이유가 있다. 알루미늄은 철보다 반응성이 더 커서 화합물을 만들 때도 철보다 더 강하게 결합한다. 따라서 이렇게 강하게 결합한 알루미늄 화합물 속에서 알루미늄을 얻어 내는 것이 쉽지 않았기 때문에 알루미늄은 늦게 발견될 수밖에 없었던 것이다.

이 장에서는 이러한 금속 중 구리와 철의 사용에 대해 알아보도록 하자.

 금속의 발견 시기

[금 : 석기 시대] [구리 : 청동기 시대] [철 : 철기 시대] [알루미늄 : 1700년대 후반]

구리와 철은 어떻게 얻을까?

구리는 앞에서 이야기한 대로 자연 상태에서 쉽게 얻을 수 있다. 구리는 반응성이 약하고 녹는점이 비교적 낮다(1,084.6°C). 따라서 자연 상태의 광석 속에 들어 있는 구리에 열을 가하여 쉽게 녹여내 사용할 수 있다. 하지만 철의 경우 구리보다 반응성이 크고 녹는점 또한 더 높기(1,538°C) 때문에 광석 속에서 철을 뽑아내기 위해서는 더 고도의 기술을 필요로 한다. 이러한 철을 뽑아내는 장치를 용광로라고 하는데, 아마 많이 들어봤을 것이다. 이 용광로가 발명된 것이 거의 1300년경이다. 따라서 이 이후로 철의 생산량은 급격히 많아지게 되었다.

철의 제련

철광석을 석회석, 코크스와 함께 용광로에 넣고, 가열하면 코크스가 타면서 1500℃ 정도의 온도가 된다. 이때 이들 간의 화학 반응에 의해서 철광석 속의 산화철이 철로 환원되면서 철이 얻어진다.

생활 속의 오랜 친구 - 철과 구리

아마 철(Fe)과 구리(Cu)만큼 우리 생활 속에서 오랫동안 유용하게 사용되어 온 금속은 없을 것이다.

구리는 연붉은색을 띤 부드러운 금속이다. 열을 잘 전달하고 전기를 잘 통하기 때문에, 현재에는 전선 등의 전기 재료를 만드는 데 널리 이용되고 있다.

구리는 오래 전에 우리 조상들이 발견하여 사용한 금속이다. 그러나 구리 자체는 무른 성질 때문에 그대로 사용하기가 어렵다. 그래서 우리 조상들은 구리 90%, 주석 10%의 합금인 청동 형태로 사용했다. 이러한 청동은 구리보다 더 단단하여 주로 무기나 농기구, 장식품 등을 만드는 데 사용되었다.

▲ 푸른색 황산구리 결정의 모양

구리의 화합물 중에 유명한 것으로 산화구리와 황산구리

가 있다. 산화구리(Cu_2O)는 구리를 공기 중에서 가열하면 만들어지는 검은색의 물질이다. 한편 황산구리(Cu_2SO_4)는 주로 화학 실험실에서 많이 쓰이는데, 원래 황산구리 자체는 백색의 분말이다.

그러나 대부분 사람들은 황산구리를 푸른색의 결정으로 알고 있는데, 이것은 황산구리의 오수화물($Cu_2SO_4 \cdot 5H_2O$, 결정 속에 수화수水和水라는 물 분자를 가지고 있는 상태) 상태로, 황산구리는 공기 중에서 금방 수분을 흡수하기 때문에 늘 청색의 결정 모양을 가지고 있는 것이다. 그러나 이것을 가열하면 수분을 잃고 다시 백색 분말이 된다.

철의 경우 건축 재료에서 일상 생활용품에 이르기까지, 아마 가장 널리 이용되는 금속 중의 하나일 것이다. 이렇게 철이 널리 사용되는 것은 철이 다른 금속에 비해 매장량이 많으며, 쉽고 저렴하게 얻을 수 있기 때문이다. 하지만 순수한 철은 은회색의 광택을 가지는 금속으로 반응성이 커서 공기 중에서는 쉽게 녹이 슨다. 따라서 철을 사용하기 위해서는 이러한 녹을 방지하는 기술도 수반되어야 한다.

우리 생활에서는 강철이니 무쇠니 하는 철의 또 다른 이름들을 사용한다. 이것은 철이 탄소를 품으면 성질이 달라지기 때문에, 철에 탄소를 가하여 여러 용도로 사용하면서 붙여진 이름이다. 예를 들어 철에 함유된 탄소의 함량이 1% 정도이면 강철이라 하고, 3% 정도이면 무쇠라고 한다. 강철의 경우 강하고 단단하다고 해서 붙여진 이름으로 주로 건축물의 골조나 기차의 레일 등에 이용된다.

철이 녹슬면 붉은색으로 변하는 것을 볼 수 있다. 이 붉은색의 정체는 바로 산화철(Ⅲ)(Fe_2O_3)이다. 산화철은 철이 산소와 반응하여 만들어진 화합물이다. 그런데 이러한 산화철의 형태는 우리가 철을 얻기 위해 채취한 철광석 속에서도 볼 수 있다. 즉, 우리는 철광석 속에서 산화철의 형태로 들어 있는 철을 얻고, 이 철은 자연 상태(공기와 수분이 있는)에서 다시 산화철로 변해 가는 것이다.

 함석과 양철

아연을 도금한 얇은 철판을 함석이라고 한다. 이것은 철보다도 부식되기 쉬운 아연을 도금함으로써 아연이 먼저 산화되는 성질을 이용하여 철을 보호하는 것이다. 또한 철판에 잘 녹슬지 않는 주석을 도금한 것을 양철이라고 한다. 그러나 양철의 경우 표면의 주석이 벗겨지면 더 쉽게 녹이 스는 단점이 있다.

알루미늄의 등장

철과 구리가 고대부터 발견되어 인류의 생활에 이용되어 온 반면, 알루미늄(Al)은 1900년대에 이르러서야 발견되어 인류의 친구가 될 수 있었다. 그런데 왜 알루미늄의 사용이 이렇게 늦어졌을까? 그 이유는 너무나 대단한 알루미늄 금속의 반응성 때문이다.

알루미늄은 반응성이 엄청나서, 공기 중에 놓아 두면 금방 표면이 산화되어 버릴 정도다. 그래서 알루미늄은 표면에 얇은 막을 만드는

데, 이 피막 때문에 더 이상 산화되지 않는 장점도 가지고 있다. 이를 화학적인 용어로 '부동태'라고 한다. 이런 알루미늄의 기능 때문에 철을 녹슬지 않게 하는 여러 분야에 알루미늄이 이용되기도 한다.

알루미늄은 가볍고 부드러운 금속으로, 보크사이트 광물에서 추출한 산화알루미늄(Al_2O_3)을 융해·전기분해하여 얻는다. 알루미늄을 대량으로 생산하는 방법을 처음으로 발견한 사람은 '홀'이었다. 그는 보크사이트 광석에 빙정석을 가하면 녹는점이 낮아진다는 사실을 발견하고는 낮은 온도에서 전기 분해함으로써 알루미늄을 얻을 수 있었다.

알루미늄은 우리 가정에서 편리하게 사용하고 있는 알루미늄 호일, 그리고 각종 냄비 등의 가정용품과 가벼운 느낌을 주는 창틀 등의 건축 재료 등에 이용되고 있다. 한편 알루미늄에 약간의 구리 및 마그네슘과 망간을 더한 합금인 두랄루민은 알루미늄보다 더 강하고 가벼워 비행기 등의 기체를 만드는 데에 널리 이용되고 있다.

이러한 금속의 합금들은 모두 서로 섞여 있기만 하는 혼합물이다. 그러나 알루미늄이 화학 반응을 통해 만드는 화합물도 있다. 알루미늄이 만드는 대표적인 화합물은 우리가 속이 쓰릴 때 먹는 위장약 속에 들어 있다. 이 약 속에는 제산제인 수산화알루미늄($Al(OH)_3$)이 들어 있는데, 이것은 약염기성을 나타내는 물질로 위산이 과다 분비되었을 때 중화 반응을 일으켜 속이 쓰린 증상을 완화시켜 주는 역할을 한다.

금과 은의 발견

금과 은 같은 귀금속은 반응성이 거의 없기 때문에 자연에 화합물로 존재하지 않는다. 따라서 자연으로부터 귀금속을 얻어내는 것은 큰 문제가 되지 않아 가장 오래 전에 발견된 금속에 속하게 되었다. 인류가 최초로 금을 사용한 시기는 구리와 함께 기원전 3,500년 경으로 추산하고 있다. 그러나 이러한 귀금속은 지구에 매장되어 있는 양이 워낙 적어서 귀한 금속이 되어 귀금속으로 불린다.

귀금속

사전적으로 귀금속은 화학적으로 반응하여 이온이 되기 어렵고, 화학적으로 안정한 금속을 뜻하며 금, 백금, 은, 루테늄, 로듐, 오스뮴, 이리듐 등이 있다.

황금 보기를 돌같이 하라

금(Au)은 예로부터 최고의 귀금속으로 많은 사람들의 사랑을 받아왔다. 중세시대 연금술사들은 금에 목숨을 걸고 온갖 연구를 하였다. 그들은 철과 같은 금속으로 금을 만들 수 있다는 좀 엉뚱한 생각에 사로잡혀서 이런 무모한 행동을 하게 되었던 것이다. 이것은 그만큼 금에 대한 인간의 욕심을 보여 주는 대목이다.

하지만 중세 연금술사들의 노력은 무모한 행동만으로 끝나지 않았다. 즉, 그들이 금을 만들기 위해 사용한 실험 기구들과 방법들은 근대 화학의 기틀을 만드는 데 매우 소중하게 사용되었다.

금은 지구 전체에 매장량이 아주 적기 때문에 가격이 매우 비싸다. 그래서 우리 생활에서는 거의 대부분 귀금속으로 이용된다.

금은 우리가 생각하는 이상으로 전성과 연성이 모두 커서, 보통 두께 0.0001mm의 금박을 만들 수 있다. 또, 1g의 금만 있으면 약 3,000m 길이의 선을 뽑을 수가 있다. 이 때문에 최근에는 음식물에 뿌려 먹는 식용으로 이용되기도 한다.

금은 반응성이 거의 없기 때문에 아주 안정적이며 색깔도 변하지 않는다. 또한 산화제에 의해서도 산화되지 않고, 산이나 알칼리에도 녹지 않는다. 다만 진한 질산과 진한 염산을 1 : 3의 비율로 섞은 용액인 왕수에는 녹는다.

그런데 우리가 보통 보석방에 가면 금을 18K니 24K니 하는 이름을 붙여 사용하는 것을 볼 수 있다. 금은 순금일 때는 너무 부드럽기 때문에 보통은 합금으로 이용되는데, 이때 금 합금의 품격을 캐럿(K)이란 단위로 나타낸다. 예를 들어 24K 금의 경우 순금에 해당하고, 18K 금의 경우 금이 70% 포함되어 있는 경우에 해당한다. 주로 금 펜촉에 이용되는 14K 금의 경우 금이 58% 정도 포함되어 있다.

백금도 금일까?

한마디로 백금(Pt)은 금과는 구분되며 플래티넘이라고도 한다. 우리 생활에서는 주로 귀금속이나 자동차 촉매 변환기의 촉매로 이용된다. 백금은 금과 같이 화학적으로 아주 안정하나 금처럼 왕수에는 서서히 녹는다.

백금이 촉매로 사용되는 자동차 촉매 변환기는, 엔진에서 발생하는 대기 오염 물질인 질소 산화물을 화학 반응시켜 질소와 산소로 분해시켜 배출하는 기능을 가진 기구이다.

이때 질소 산화물의 화학 반응이 일어나기 위해서는 촉매(화학 반응을 도와주는 물질)가 있어야 하는데, 이때 촉매로 사용되는 것이 바로 백금이다.

은은 화합물로도 쓰인다

은(Ag) 역시 모양이 아름다워 예로부터 귀금속으로 사용된 금속이다. 은은 금과 마찬가지로 잘 녹슬지 않으며, 열을 잘 전달하고, 전기를 잘 통하게 한다. 은은 열과 전기 전도성이 가장 큰 금속에 해당한다.

그러나 금과는 달리 은은 다양한 화합물로도 존재한다. 은은 황과 반응하여 검은색의 황화은(Ag_2S)을 만들고, 황산이나 질산과 반응하여 황산(Ag_2SO_4)은, 질산($AgNO_3$)은 등을 만들기도 한다.

또한 은 이온은 할로겐 물질과 반응하여 다양한 색의 앙금(물에 녹지 않는 물질)을 만든다. 예를 들어 흰색의 염화은(AgCl), 연한 노란색의 브롬화은(AgBr), 노란색의 요오드화은(AgI) 등이 그 예이다. 단, 플루오르 이온과 반응하여 만들어지는 플루오르화은(AgF)만 물에 녹는 물질이다.

그런데 이러한 염화은이나 브롬화은에 빛을 쪼여 주면 점차 분해가 되면서 다시 은이 생긴다. 이것은 빛에 의한 광화학 반응 때문에 나타나는 현상이다. 이 때문에 브롬화은(AgBr)의 경우 사진의 감광제로 이용되고 있다.

요즘이야 디지털 카메라의 등장으로 필름을 인화하는 일이 드물어졌지만, 아직도 사진 전문가들은 이 방식을 선호하는 사람들이 많다. 아직은 디지털 카메라의 해상력 기술이 아날로그 방식의 세밀한 부분(색상 등의 문제)에 비해 해결하지 못하기 때문이다.

무거운 중금속들의 공격 – 수은, 납

중금속이란?

중금속이란 주기율표 상에 있는 금속 중 일반적으로 비중이 가볍지 않은 금속들을 말한다. 그런데 이런 중금속은 우리 생활에서 많은 문제를 일으킨다. 중금속은 왜 문제가 될까?

중금속은 한번 자연에 배출되면 먹이사슬을 따라 결국 사람에까지 이동해 온다. 문제는 중금속이 미량이라도 체내에 쌓이면 잘 배설되지 않고, 우리 몸속의 단백질을 교란시켜 여러 가지 부작용을 나타낸다는 점이다. 따라서 중금속은 우리에게 매우 위험한 존재이다.

예를 들어 우리 몸속에 들어온 중금속이 혈액 속의 헤모글로빈에 달라붙으면 헤모글로빈은 기능을 상실하게 된다. 왜냐하면 우리 몸의 곳곳에 산소를 운반하는 헤모글로빈은 글로빈이라는 단백질에 철이 결합한 형태를 갖추고 있지만, 우리 몸속에 수은이 들어와 글로빈에 철 대신 붙으면 글로빈의 기능은 마비되고 만다.

이렇게 중금속은 인간의 생명을 위협하는 물질로 떠오르게 되었다. 여기에서는 대표적인 몇 가지 중금속에 대해 알아보도록 하자.

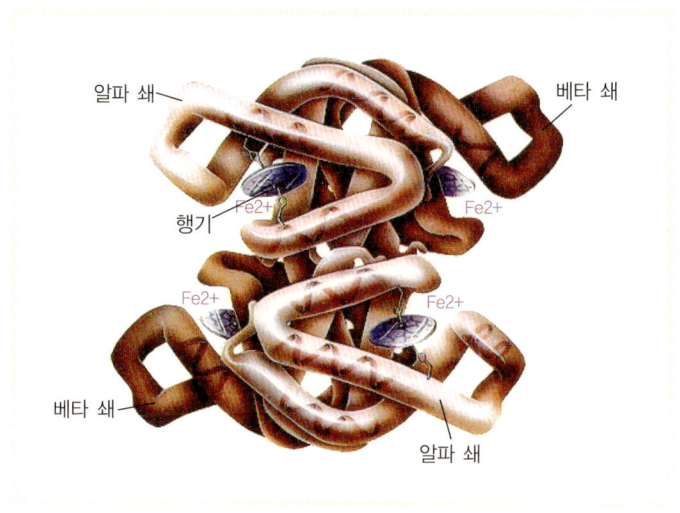

▲ 헤모글로빈의 구조

수은이 뿜어대는 독

금속 중 상온에서 유일한 액체인 수은은 우리가 흔히 온도계에서 볼 수 있는 물질이다. 수은은 찬란한 은빛을 내는 액체로, 표면장력이 매우 크므로 바닥에 쏟아 놓으면 아름다운 구슬 모양이 된다.

이러한 수은은 여러 가지 금속을 녹여서 수은의 합금(아말감)을 만드는 성질이 있다. 이러한 아말감은 치과에서 충치로 인해 생긴 구멍을 메우는 데 사용되기도 한다.

표면 장력 / 아말감

- **표면 장력**: 액체의 표면이 잡아끄는 힘을 말한다. 수은은 표면장력이 매우 큰 물질로, 물의 표면장력은 20℃에서 72.75인데 비해 수은의 표면장력은 15℃에서 무려 487에 이른다. 이 때문에 수은 방울을 유리 위에 떨어뜨리면 구형에 가깝게 뭉쳐 있는 것을 볼 수 있다.
- **아말감**: 수은은 철·니켈·코발트·마그네슘 등을 제외한 대부분의 금속과 합금을 만들 수 있는데, 이를 아말감이라 하며 치과 재료로 이용된다.

그런데 이렇게 우리 생활에 유용하게 사용되는 수은은 왜 중독이 된다고 하는 걸까? 만약 수은을 공기 중에 그대로 방치하면 증기가 되면서 조금씩 확산한다. 그런데 이 수은 증기를 호흡을 통해 받아들이게 되면 중독 증상을 일으키게 되는 것이다.

미나마타병을 일으키는 수은

미나마타병은 일본의 쿠마모토현의 미나마타만 주변 지역과 니가타현의 아가노강 하류 지역에서 발생한 유기수은 중독으로 생긴 대표적인 공해병의 하나이다.

당시 이 병이 발생한 원인은 인근 공장에서 배출한 메틸수은 때문이었다. 무방비 상태에서 메틸수은이 든 폐액이 강으로 배출되면서 이 수은을 플랑크톤이 섭취하고, 그리고 이 플랑크톤을 작은 물고기가 먹게 되었다. 또 이 작은 물고기는 큰 물고기에게 먹히고 그리고 마지막으로 이 큰 물고기를 인간이 먹음으로써, 결국 인간이 품어낸 독을 인간이 먹게 되었기 때문에 이 병이 발생한 것이다.

수은 중독은 주로 중추신경에 문제를 일으킨다. 처음에는 손발이 저려 걷는 것도 힘들게 되고, 심각한 경우에는 경련이나 정신착란을 일으켜 결국은 사망에 이르게 한다. 당시 증상이 나타난 지 3개월 후에는 중증 환자의 절반이 사망하였다고 한다.

이타이이타이병을 일으키는 카드뮴

카드뮴은 보통 안료나 니켈카드뮴 전지 등에 사용되는 중금속 물질이다. 그런데 카드뮴 역시 증기를 뿜어대며, 이 증기를 마실 경우 중독이 되므로 아주 위험하다. 또한 다양한 화합물 속에도 들어 있어서 이 화합물을 섭취하게 될 경우 우리 몸속에 침입하게 된다.

카드뮴 중독은 이타이이타이병을 일으키는 원인이 된다. 이타이이타이병은 기후현 가미오카에 있는 가미오카 광산에서 아연을 제련할 때 광석에 포함되어 있던 카드뮴을 제거하지 않고 그대로 강에 버린 것이 원인이 되었다. 결국 이렇게 버려진 카드뮴은 먹이사슬을 타고 다시 사람에게 돌아와 사람들에게 치명적인 증상을 일으키게 했다.

이 병에 걸리면 뼈가 물러져서 조금만 움직여도 골절이 일어난다고 한다. 그래서 환자가 계속 '아프다, 아프다(일본어로 이타이이타이)'라고 하는 데서 병의 이름이 붙었을 정도로 사람을 아프게 하는 병이다. 심지어 어떤 경우에는 재채기를 하거나 의사가 맥을 짚는 것만으로도 골절된 사례가 있으며 결국에는 죽음에 이르게 되는 무서운 병이다.

 중금속

비소 · 안티몬 · 납 · 수은 · 카드뮴 · 크롬 · 주석 · 아연 · 바륨 · 비스무트 · 니켈 · 코발트 · 망간 · 바나듐 · 셀렌 등 주기율표 상의 아래쪽에 주로 위치하고 있는 비중 4 이상의 무거운 금속 원소를 말한다.

화학에는 과학의 다른 분야보다 특히 대비되는 것들이 많이 있다. 도체와 부도체, 전해질과 비전해질, 산과 염기, 금속과 비금속, 화학 변화와 물리 변화, 발열 반응과 흡열 반응, 산화와 환원 반응 등등... 이러한 것들을 단순히 개념적으로 접근하다 보면 자칫 화학이 더 어려워질 수 있다. 이들을 서로 대비시켜 접근하다 보면 재미도 있고 또 머리에도 더 잘 들어오게 된다. 이 장에서는 이러한 서로 대비되는 물질세계를 재미있게 살펴보자.

비주얼 교양 화학

물질 대 물질

물질세계에서의 대비

세상에는 키가 큰 사람과 키가 작은 사람, 뚱뚱한 사람과 홀쭉한 사람 등 다양하게 대비되는 사람들이 있다. 그런데 이렇게 대비되는 것들은 물질세계에서도 존재한다. 즉, 화학에서도 이런 대비되는 물질과 반응들이 있다는 이야기다.

그럼 화학에서 이렇게 대비되는 것들로 어떤 게 있을까?

물질세계에서 대비되는 것들로는 우선 도체와 부도체, 전해질과 비전해질이 있다. 도체와 전해질은 그야말로 전기가 흐르는 물질이고, 부도체와 비전해질은 전기가 흐르지 않는 물질이다.

또한 우리 생활에 많이 쓰이는 산과 염기를 들 수 있다. 산은 신맛을 나타내고, 염기는 쓴맛을 나타내는 등 이 둘 또한 완전히 서로 다른 성질을 나타내고 있다.

금속과 비금속도 서로 대비되는 물질이다. 그리고 유기물과 무기물도 서로 대비된다. 유기물은 그야말로 생명과 관계된 물질을 말하고, 무기물은 그 반대의 뜻을 가진 물질이다.

물질세계에서 대비되는 반응

서로 대비되는 물질들이 있는가 하면, 또 서로 대비되는 반응들도 있다.

먼저 서로 대비되는 반응에는 화학 변화와 물리 변화가 있다. 이 둘은 같은 변화인데, 완전히 서로 다른 성질을 가지고 있기 때문에 구분하여 부른다. 그리고 발열 반응과 흡열 반응이 있다. 발열 반응은 말 그대로 열을 내는 반응이고, 흡열 반응은 열을 흡수하는 반응이다. 또 산화와 환원 반응이 있는데, 하나는 전자를 내보내고, 다른 하나는 전자를 받아들인다.

우리는 화학에서 다루는 물질과 반응이 복잡해서 어렵게 느낄 때가 많다. 그러나 위의 경우처럼 서로 대비해서 보면 색다른 화학의 재미를 느낄 수 있지 않을까?

이제 위에서 나열한 서로 대비되는 물질과 반응들을 재미있게 알아보도록 하자.

비주얼 교양 화학

도체·전해질과 부도체·비전해질

전기가 찌릿찌릿, 도체와 전해질

누구나 한 번쯤은 전기 기구를 잘못 만지다가 손에 전기가 찌릿 하는 느낌을 받은 적이 있을 것이다. 그런데 사람의 몸은 왜 전기가 통할까?

우리는 우리 주변의 물질 중 종이나 옷감, 플라스틱 같은 것은 전기가 잘 통하지 않고, 주로 가위나 칼과 같은 금속류는 전기가 잘 통하는 것으로 알고 있다. 그것은 사람의 살 자체가 전기를 통한다기보다 사람의 몸이 수분과 함께 이루어져 있기 때문에 전기가 통하는 것이다.

그렇다면 과연 왜 물은 전기가 통하는 걸까? 사실 순수한 물일 경우 전기가 통하지 않는다. 그럼 왜 사람 몸의 수분과 대부분의 물은 전기가 통한다고 알고 있는 걸까?

그것은 자연에 있는 대부분의 물 중 순수한 물은 없기 때문이다. 시냇물, 강물, 바닷물, 심지어 수돗물, 정수기물까지 우리가 마시고 사용하는 대부분의 물은 물만으로 이루어진 것이 아니라 물속에 다양한 무기 양분들이 녹아 있다.

이처럼 전기가 통하는 용액들을 전해질電解質이라고 한다. 즉, 전해질이란 어떤 물질이 물에 녹아 용액이 되었을 때 전기가 통하는 것들을 말한다. 예를 들어 염화나트륨 수용액, 염산, 수산화나트륨 수용액, 식초 등이 있다. 이런 용액들은 모두 전기를 통했을 때 전류가 흐르는 물질들이다.

그런데 도체도 전기가 통하는 물질이라면, 그럼 도체와 전해질의 차이는 뭘까? 도체는 금속과 같이 고체 상태에서 전기가 통하는 물질을 말한다. 따라서 부엌칼, 수저, 그릇, 가위 등 쇠붙이로 된 대부분이 도체에 해당된다. 그러나 소금이 물에 녹은 소금물은 전기를 통하지만 고체 소금은 전기를 통하지 않기 때문에 도체가 아니며, 소금물 또한 비록 전기를 통하지만 고체가 아니기 때문에 도체가 아니다.

그러면 무엇이 물에 녹으면 모두 전류가 통할까?

전기가 통하지 않는 부도체와 비전해질

소금이 물에 녹으면 전류가 흐른다. 그런데 설탕이 물(순수한 물을 말함)에 녹아도 전류가 흐를까? 아쉽게도 설탕이 물에 녹은 설탕물은 전류가 흐르지 않는다. 그러면 설탕물은 왜 전류가 흐르지 않을까?

다음 그림과 같이 소금이 물에 녹았을 때와 설탕이 물에 녹았을 때의 입자의 모습을 보면 그 이유를 알 수 있다.

▲ 전해질과 비전해질의 차이

위의 그림을 보면 염화나트륨의 경우 물에 녹아 수용액이 되었을 때 전기를 띤 이온이라는 입자가 만들어진다. 이 입자들이 전하를 운반하기 때문에 전류가 흐르게 되는 것이다. 그런데 설탕의 경우 물에 녹아서 전기를 전혀 띠지 않은 설탕 분자가 만들어진다. 따라서 전기를 띠지 않은 설탕 분자는 전하를 운반하지 못하므로 전류가 흐르지 않는다.

이와 같이 수용액 상태에서 전류를 흐르지 못하는 물질을 비전해질非電解質이라고 한다. 비전해질 수용액에는 설탕 수용액, 에탄올 수

용액 등이 있다.

그럼 부도체는 또 무엇일까? 부도체는 도체와 마찬가지로 고체 상태에서 전류가 흐르지 않는 물질이다. 즉, 플라스틱, 종이와 같은 물질이 부도체에 해당한다.

부도체와 비전해질과의 차이 역시 고체에서 전기를 통하지 않느냐, 용액 상태에서 전기를 통하지 않느냐에 있다. 즉, 종이와 같이 고체 상태에서 전기가 통하지 않는 물질을 부도체라 하고, 설탕물과 같이 수용액 상태에서 전류가 흐르지 않는 물질을 비전해질이라고 한다.

전해질 수용액에는 이온이 가득

전해질 수용액이 전기를 통하는 이유는 이온 때문이다. 그러면 이온은 어떻게 전류를 흐르게 하는 임무를 잘 수행하는 걸까? 다음 그림을 보라.

 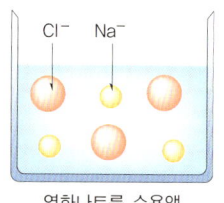

염화나트륨 수용액

▲ 고체 상태의 염화나트륨과 수용액인 염화나트륨

전해질인 염화나트륨은 고체 상태일 때에도 염화 이온과 나트륨 이온으로 이루어져 있다. 그러나 이때는 서로 딱 달라붙어 있어 전기가 통해도 움직이지 못한다. 그러나 염화나트륨이 물에 녹게 되면 굳게 결합되어 있던 이온이 뿔뿔이 흩어져 버린다. 따라서 공간 이동이 자유로워진 이온들은 전기가 통하게 되면 전하의 운반체 역할을 하여 양이온은 (−)극으로, 음이온은 (+)극으로 이동하게 된다. 이렇게 소금물이 전류가 흐르게 되는 것이다.

우리 주변에는 이러한 전해질로 가득 차 있다. 우리가 평소에 마시는 이온음료, 식초, 간장, 수돗물, 정수기물도 마찬가지로 이온이 녹아 있는 전해질들이다. 따라서 이러한 물질들은 전기가 통하지 않도록 주의를 기울여야 한다.

산이 세냐, 염기가 세냐?

영화 '에일리언'에 나오는 괴물의 입에서 흐르는 침을 보았는가? 누구나 그 침에 맞으면 그대로 녹아 버릴 정도로 괴물의 침은 강한 산이다. 강한 산은 이처럼 웬만한 물질은 다 녹여 버린다. 실제로 우리의 위 속에는 강한 산인 염산이 분비되어 위로 들어오는 음식물 속의 균들을 모두 녹여 버리기도 한다.

옛 속담 중에 '공짜라면 양잿물도 마신다'라는 말이 있다. 세상에 공짜 좋아하지 않는 사람이 어디 있으련만, 실제로 양잿물을 마신 사람은 생명이 위독해질 정도로 양잿물은 독하다. 이 양잿물은 강한 염기인 수산화나트륨으로 만들어진다. 강한 염기는 산 못지않게 무섭다. 즉, 염기는 단백질을 녹여 버리는 성질이 있기 때문에 인체에 상당히 해롭다. 왜냐하면 우리의 몸은 대부분 단백질로 이루어져 있기 때문이다.

 **양잿물**

전통적으로 잿물은 콩깍지, 짚 등을 완전히 태운 뒤 남은 재를 시루에 안치고 물을 부어 우려 낸 물을 말한다. 이에 반해 수산화나트륨 수용액은 강한 염기성을 띠기 때문에 미끌미끌하여 잿물처럼 빨래하는 데 사용할 수 있어 서양에서 들여 온 잿물이라는 뜻에서 양잿물이라고 부르고 있다.

두 얼굴을 가진 산

앞에서 산에 대해 무시무시하게 이야기했지만 산이라고 해서 모두 무서운 것은 아니다. 왜냐하면 우리 생활에 아주 유용하게 이용되는 약한 산들도 많이 있기 때문이다.

음식의 맛을 내는 데 사용하는 식초에는 아세트산이 들어 있다. 또한 사이다나 콜라 같은 음료수에는 탄산, 인산이 들어 있다. 그리고 각종 신맛 나는 과일, 심지어 김치 속에도 산이 들어 있다. 이러한 산들은 우리의 건강에 매우 중요한 작용을 하는데, 특히 피로를 회복시켜 주고 소화를 돕는다.

위의 경우처럼 우리의 입속으로 들어갈 수 있는 약한 산이 있는 반면, 우리 입속으로 들어가면 큰일 나는 강한 산들도 있다. 이러한 대표적인 강한 산으로는 염산과 황산이 있다.

염산은 염화수소 기체가 물에 녹아 있는 용액이다. 이것은 강한 산성을 나타내기 때문에 웬만한 것은 다 녹여 버린다. 가끔 발생하는 실험실 폭발 사고는 대부분 이 염산 때문에 일어난다. 만약 실험실 같은 데서 염산이 피부에 묻으면 재빨리 물로 씻어 내야 한다. 그렇지 않으면 피부가 타들어간다.

염산은 우리 생활에서 화장실 변기를 닦을 때 사용하기도 한다. 화장실 변기가 오래되면 누런 때가 끼는데 좀처럼 지워지지 않는다. 이때 염산으로 씻으면 깨끗하게 지워지는데, 이것은 염산이 이 누런 성분을 녹여 버리기 때문이다.

이러한 염산은 위산의 성분 물질이기도 하다. 이렇게 독한 염산이 위에서 나온다니 놀랄 만도 하지만, 이것이 자연의 섭리이다. 위산이 나와야 음식물과 함께 들어온 각종 세균들을 모두 죽일 수 있기 때문이다.

또 다른 강한 산으로 황산이 있다. 황산은 물을 흡수하는 성질이 있어 흔히 실험실에서 건조제로 사용된다. 또한 황산은 설탕이나 종이를 검게 변화시켜 버리는 성질도 가지고 있다.

식초 속에 들어 있는 아세트산은 어는점이 17℃라 그 이하의 온도에는 얼어 고체 상태가 되는데, 이 때문에 빙초산이라고도 한다. 식초는 4~6%의 아세트산 수용액이다.

이처럼 우리 주변에 있는 산은 모두 똑같은 산성을 나타내는 것이 아니라, 산성이 강하게 나타나는 강한 산도 있고 산성이 약하게 나타나는 약한 산도 있다.

강한 산과 약한 산은 그 속에 마그네슘 리본을 넣어 보면 그 차이를 금방 느낄 수 있다. 강한 산은 거세게 거품이 발생하는 반면, 약한 산은 거품이 발생하는 모습이 미미하게 보인다. 그런데 왜 이런 차이를 보이는 걸까? 그것은 산 속에 들어 있는 수소 이온의 농도 차이 때문이다. 즉, 모든 산에는 수소 이온(H^+)이 공통적으로 들어 있는데, 이 수소 이온의 농도가 강한 산은 매우 진하고, 약한 산은 연하기 때문에 이런 차이가 나타나는 것이다.

 약한 산

약한 산에는 식초와 음료수에 들어 있는 아세트산과 탄산을 비롯하여 포도에 들어 있는 타르타르산, 사과에 들어 있는 말산, 귤에 들어 있는 시트르산, 요구르트나 김치에 들어 있는 젖산 등이 있다.

산들의 닮은꼴

앞에서 모든 산에는 수소 이온(H^+)이 공통적으로 들어 있다고 했다. 이처럼 수소 이온이 공통적으로 들어 있기 때문에 산은 공통적인 성질을 나타내게 되는데, 이러한 성질을 산성이라고 한다.

사실 모든 산에는 물에 녹았을 때 수소 이온이 되는 수소 원자가 들어 있다. 예를 들어 염산은 HCl, 황산은 H_2SO_4, 아세트산은

CH_3COOH 등으로 H가 공통적으로 들어 있는데, 이것이 물속에서는 해리하여 수소 이온이 되는 것이다. 따라서 이러한 수소 이온(H^+) 때문에 모든 산은 닮은 모습을 나타내게 된다. 그러면 산들이 가지는 공통성에는 어떤 것들이 있을까?

산의 수용액은 신맛이 나고 마그네슘, 아연, 철 등의 금속을 녹이며, 푸른색 리트머스 종이를 붉은색으로 바꾸는 등의 공통적인 성질을 나타낸다.

대표적인 신맛의 선두주자인 식초를 비롯하여 오렌지, 레몬, 귤, 사과 등 많은 과일들은 신맛을 나타낸다. 이들은 모두 산이 들어 있기 때문에 신맛을 나타낸다.

산은 또한 벌이나 개미와 같은 곤충들에게서도 분비된다. 우리가 벌에 쏘였을 때 따끔한 것은 벌의 침 속에 들어 있는 산 때문이다. 이렇듯 곤충들에게서 산이 분비되는 것은 자신들 나름대로의 생존을 위한 필연적인 이유 때문이다.

개미산

개미산의 정식 명칭은 포름산으로 분자식에 −COOH기를 가진 카르복시산의 일종이다. 상온에서 무색의 자극적인 냄새가 나는 액체로 피부에 묻으면 수포가 생긴다. 개미를 증류하여 처음으로 얻었으므로 라틴어의 formica(개미)에서 따서 이름을 붙였다. 천연적으로는 개미 외에 쐐기풀 등의 식물에도 함유되어 있다. 쐐기풀에 닿으면 짜릿짜릿한 원인은 포름산 때문이다.

미끌거리는 염기의 닮은 꼴

산이 수소 이온 때문에 공통적인 성질을 나타내는 것처럼, 염기 또한 수산화 이온(OH^-)때문에 공통적인 성질을 나타낸다.

예를 들어 수산화나트륨(NaOH), 수산화칼륨(KOH), 수산화암모늄(NH_4OH) 등이 공통적으로 가지고 있는 OH가 수용액이 되면서 수산화 이온(OH^-)으로 되기 때문에 공통적인 성질을 나타내게 된다. 이처럼 염기의 수용액이 수산화 이온(OH^-) 때문에 나타내는 공통적인 성질을 염기성이라고 한다. 그러면 염기가 나타내는 공통적인 성질에는 어떤 것들이 있을까?

염기의 수용액은 쓴맛이 나며, 만지면 미끌미끌한 느낌이 든다. 또한 붉은색 리트머스 종이를 푸른색으로 변화시키는 등의 공통적인 성질을 나타낸다.

그런데 염기는 왜 산과는 달리 미끌미끌한 성질을 나타낼까? 염기를 만졌을 때 미끌거리는 것은 염기가 단백질을 녹이는 성질을 가졌기 때문이다. 사람의 피부는 단백질로 구성되어 있기 때문에, 염기를 만졌을 때 피부 단백질이 살짝 녹아 미끌미끌하게 느껴지는 것이다. 비누를 만졌을 때 미끌거리는 것도 비누에 수산화나트륨이라는 염기가 들어 있기 때문이다.

강한 염기, 약한 염기

강한 염기의 대표 주자로는 수산화나트륨이 있다. 수산화나트륨은 공기 중의 수분을 흡수하여 스스로 녹는 성질이 있다.

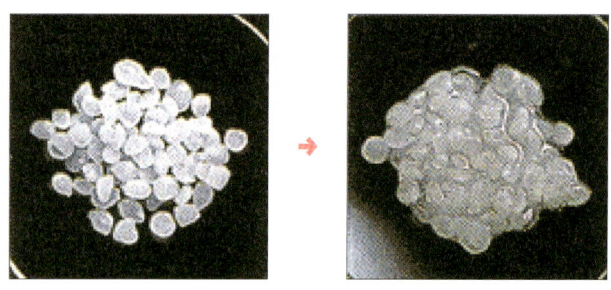

▲ 수산화나트륨의 조해성

또한 수산화나트륨은 머리카락 등으로 막힌 하수구를 뚫을 때 사용된다. 우리가 보통 막힌 배수구를 뚫을 때 사용하는 용액에는 수산화나트륨과 알루미늄 가루가 혼합된 물질이 들어 있다. 수산화나트륨은 머리카락과 같은 단백질을 매우 잘 녹이기 때문에 꽉 막힌 배수구를 뚫을 수 있는 것이다.

소다라고 불리는 탄산수소나트륨도 우리 생활 속의 대표적인 약한 염기다. 이것은 쓴맛 나는 물질로 열을 가하면 분해하여 기체를 발생시키기 때문에 주로 빵을 부풀리는 데 사용된다.

염기 또한 강한 염기와 약한 염기로 나누어지는데, 이것은 수용액 중에서 수산화 이온(OH^-)의 농도 차이로 구분된다. 즉, 수산화나트륨과 같이 강한 염기는 수용액 중에 수산화 이온(OH^-)의 농도가 진하며, 탄산수소나트륨과 같은 약한 염기는 수용액 중에 수산화 이온(OH^-)의 농도가 연하다.

염기와 알칼리의 차이

흔히 염기와 비슷한 의미로 사용되는 말 중에 알칼리라는 용어가 있는데, 알칼리는 물에 잘 녹는 염기를 뜻한다고 보면 된다. 알칼리는 본래 나트륨이나 칼륨이 들어 있는 식물을 태운 재를 뜻하는 말이었지만, 요즘은 리튬·나트륨·칼륨과 같은 알칼리 금속을 물에 넣었을 때 만들어지는 수산화물을 뜻하는 것으로, 이들은 모두 물에 잘 녹는 성질을 가지고 있다.

pH로 산성과 염기성의 세기를 한눈에 본다

화학자들은 한눈에 산성과 염기성의 세기를 볼 수 있는 척도를 만들어 놓았다. 그것은 바로 pH(피에이치)로, 수용액 중의 수소 이온 농도로 결정되는 수치이다. pH의 수치는 0~14까지 있으며, 중성이 7이고, 7보다 작으면 산성, 크면 염기성이다. 또한 7보다 작으면 작아질수록 산성은 더 강해지고, 7보다 크면 클수록 염기성이 더 강해진다.

다음 그림은 각각의 물질에 대한 pH이다. 이 그림에서 볼 수 있듯이 pH가 작을수록 산성이 강해지고 pH가 클수록 염기성이 강해진다.

주변 물질의 pH

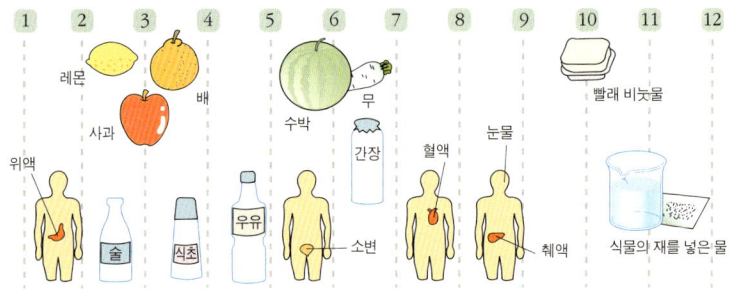

▲ 주변 물질의 pH

위액의 경우 pH가 가장 작고 산성이 가장 강하다. 이것은 위에서 강한 산인 염산이 분비되기 때문이다. 또한 비눗물의 경우 pH가 크므로 염기성이 강하다. 이 역시 비누 속에 강한 염기인 수산화나트륨이 들어 있기 때문이다.

pH 1 차이는 수소 이온 농도 10배 차이를 뜻한다. 따라서 pH 2 차이는 수소 이온 농도 20배 차이가 되는 것이 아니라 10x10=100배 차이가 된다. 마찬가지로 pH 3 차이는 수소 이온 농도 30배 차이가 되는 것이 아니라 10x10x10=1,000배 차이가 된다.

비주얼 교양 화학

4 유기물과 무기물

뭐가 있고, 뭐가 없다는 걸까?

유기물, 무기물은 우리 생활 속에서 자주 들을 수 있는 단어다. 단어가 풍기는 이미지로 봐서는 뭔가의 유무有無에 따라 나눈 것 같은데, 이 둘의 정확한 차이는 무엇일까?

우리는 생활 속에서 유기체란 말을 자주 접하게 된다. 이 말의 사전적인 뜻은 살아 있는 생물체를 나타낸다. 이와 마찬가지로 유기물도 살아 있는 물질, 생명과 관계되는 물질을 뜻한다. 당연히 무기물은 반대로 생명과 관계없는 물질을 뜻한다.

그런데 실제 우리 생활에서 유기물에 해당하는 것은 지방, 설탕, 녹말, 단백질, 알코올 등등이다. 이들이 분명 살아 있는 물질은 아닌데, 어찌된 일일까? 여기서 우리는 유기물의 정확한 뜻을 생각해낼 수 있다. 즉, 유기물이란 살아 있는 생물의 활동으로 만들어지는 물질을 말한다. 유기체가 만들어 내는 물질이 유기물이다. 위의 지방, 설탕, 녹말, 단백질, 알코올 등은 모두 생물체의 활동으로 만들어지는 물질들이므로 유기물에 해당된다.

그럼 이에 비추어 무기물의 뜻도 자연스럽게 알아낼 수 있다. 즉 무기물이란 생물의 활동과 상관없이 만들어지는 물질을 말한다. 이러한 무기물에는 광물이나 암석, 금속과 같은 것들이 있다.

현대의 유기물과 무기물

19세기 초까지는 유기물이 생물의 생명 활동으로만 만들어지는 것이라고 굳게 믿고 있었다. 즉, 인공적으로 만들 수 있는 것은 유기물이 아니라고 믿고 있었다는 이야기다. 그런데 이런 사람들의 생각을 뒤엎은 사건이 일어났다.

1828년, 독일의 화학자 뵐러가 당시 사람들이 유기물이라고 굳게 믿고 있던 요소를 인공적으로 합성해낸 것이다. 여기서 주목해야 할 것은 뵐러가 유기물인 요소를 만들 때 무기물로부터 만들어 냈다는 사실이다.

당시 과학자들은 절대 무기물에서 유기물이 만들어지는 것은 불가능하다고 믿고 있었기 때문에 이 사실은 당시 사회에 큰 파장을 몰고

왔다.

그 후 유기물에 대한 여러 가지 사실이 밝혀지게 되고, 유기물이 더 이상 생물체의 활동으로만 만들어지는 것이 아니라는 사실이 확정되었다.

그러면 현재는 유기물을 어떻게 정의하고 있을까? 화학자들이 여러 유기물을 분석하고 연구한 결과 현재는 탄소를 포함한 화합물을 유기 화합물이고 말한다.

한편 모든 유기물에는 탄소가 포함되어 있고 이 탄소를 중심으로 화합물들이 만들어지기 때문에 탄소 화합물이란 말을 쓰기도 한다. 이러한 탄소 화합물은 탄소 원자를 중심으로 수소, 산소, 그리고 나머지 기타 물질들이 결합한 구조 모양을 하고 있다.

탄소를 포함하고 있지만 무기물인 것들

보통 탄소를 포함한 화합물을 유기 화합물로 분류한다. 단, 일산화탄소, 이산화탄소, 탄산칼슘 등 탄산염은 탄소를 포함하고 있지만 무기물로 취급한다.

화학에서는 특히 유기물이 중요시되고 있다. 현재 지구상에는 1,000만 개 이상의 물질이 있다고 하는데, 그중 90% 이상이 유기물에 해당하거나 유기물과 관계있는 물질이기 때문이다.

이러한 유기물에 해당하는 것 외 나머지 전부를 무기물이라고 생각하면 된다. 다음에 우리 생활 속의 물질을 유기물과 무기물로 구분해 놓았다. 아마 유기물과 무기물의 차이를 느낄 수 있을 것이다.

유기물	무기물
석유, 천연가스, 기름, 고기, 야채 술, 식초, 우유, 과일, 설탕	알루미늄 호일, 쇠그릇, 소금, 플라스틱 컵, 유리컵, 프라이팬

유기물과 무기물의 차이를 알 수 있는 또 하나의 방법으로 이들을 태우는 것이 있다. 유기물을 태우면 재만 남는데, 유기물의 주성분이 탄소(C), 산소(O), 수소(H)이기 때문에 나타나는 현상이다. 즉, 유기물을 태우면 수증기(H_2O)와 이산화탄소(CO_2)가 생기면서 날아가 버리고 탄소 성분인 재만 남게 되는 것이다.

그러나 무기물의 경우 태워도 잘 타지 않고 녹거나 기체로 변하는 상태 변화를 한다. 또한 무기물은 타더라도 오히려 무게가 늘어나는 것이 많다(금속의 경우 산소와 결합하기 때문에 무게가 늘어난다).

물리 변화와 화학 변화

물리와 화학의 차이는?

나무를 자르기만 하는 경우와 나무를 태운 경우를 서로 비교해 보자. 두 경우 모두 무엇인가 변화가 일어났다는 점은 같다. 그러나 나무를 자르기만 한 경우 나무의 성질이 그대로 남아 있으나 불에 태운 경우 나무의 성질은 온데간데없다.

어떤 반응이 일어난 후 처음의 성질이 남아 있느냐, 없느냐에 따라 두 반응의 종류는 완전히 달라진다. 만약 반응 후에도 처음 물질의 성질이 남아 있으면 물리 변화, 처음 물질의 성질이 남아 있지 않으면 화학 변화라고 한다.

우리는 여기에서 이러한 두 경우의 차이를 알아보려고 한다.

겉모습만 변하는 물리 변화

물이 끓어서 수증기로 변하였다. 그리고 물이 얼어서 얼음으로 변하였다. 그런데 이것은 물리 변화일까, 화학 변화일까? 다음 그림을 보면 이해가 훨씬 빠를 것이다.

물이 얼음이나 수증기가 되는 변화는 물질이 고체, 액체, 기체의 세 가지 상태 속에서 변화하므로 상태 변화라고 한다. 상태 변화는 온도에 따라 물질의 상태가 변하는 현상으로, 상태 변화가 일어날 때 온도는 일정하게 유지된다. 이것은 가해진 열이 처음에는 온도를 올리는 데 이용되지만, 녹는점(또는 끓는점)에 달하면 열이 상태 변화하는 데 모두 이용되어서, 온도를 올리는 데에는 이용되지 않기 때문이다.

▲ 물의 상태 변화

위의 그림을 보면 물도 얼음도 수증기도 모두 물 분자(H_2O)로 이루어져 있다는 사실을 알 수 있다. 즉, 물이 얼음으로, 또는 수증기로 변하는 현상은 물 분자의 결합 상태만 달라지는 것일 뿐, 물 분자 그 자체가 변한 것은 아니다. 이와 같이 물질 그 자체가 변하지 않는 변화를 물리 변화라고 한다.

이러한 물리 변화의 예는 우리 주변에서 얼마든지 찾아볼 수 있다. 소금을 물에 녹여 소금물을 만드는 경우나 설탕을 물에 녹여 설탕물을 만드는 경우도 물리 변화이다. 이 경우 소금물이나 설탕물이 되어도 소금과 설탕의 짠맛과 단맛은 계속 유지된다. 그리고 물이 증발되고 나면 다시 소금이나 설탕을 얻을 수 있게 된다. 다음 그림은 우리 생활에서 물리 변화에 해당하는 예들이다.

▲ 모양 변화

▲ 용해 현상

▲ 상태 변화

▲ 확산 현상

속까지 변하는 화학 변화

 일정한 실험 장치에 수소와 산소를 넣고 불을 붙이면 큰 폭발음과 함께 물이 생긴다. 그런데 이 경우에 처음 있었던 수소와 산소는 온데간데없고, 전혀 다른 물질인 물이 새로 생겨난다. 한편 거꾸로 이 물에 전기적 충격을 가해 주면, 다시 수소와 산소 기체가 발생한다. 그런데 물과 산소 기체, 수소 기체는 전혀 다른 물질이다. 이처럼 원래 물질과는 전혀 다른 물질이 생기는 변화를 화학 변화라고 한다.
 이러한 화학 변화가 물리 변화와 어떻게 다른지 좀 더 자세히 알아보자. 물이 분해되는 반응을 분자 모형으로 나타내면 그림과 같다.

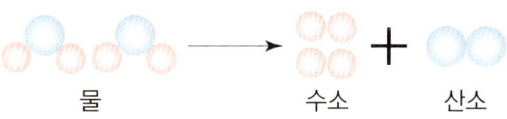

▲ 물이 분해되는 반응의 분자 모형

 위의 반응 모형을 보면 물 분자의 모습이 반응 전과 후에 완전히 달라진 것을 알 수 있을 것이다. 즉, 앞에서 물이 수증기나 얼음으로 변할 때에는 물 분자의 모습이 변하지 않았었는데, 화학 변화가 일어난 후에는 물 분자의 모습까지 변한 것을 알 수 있다. 따라서 화학 변화는 반응 후에 원자의 재배열이 일어나는 반응이다. 화학 반응이란 바로 이 화학 변화를 뜻한다고 보면 된다. 즉, 화학 반응 = 화학 변화란 뜻이다. 다음 그림에 몇 가지 화학 변화를 나타냈다.

▲ 녹스는 현상

▲ 신록이 짙어지는 현상

▲ 연소 현상

▲ 김치가 시는 현상

발열 반응과 흡열 반응

비주얼 교양 화학

'열' 나는 반응

우리는 가끔 화가 났을 때, "열난다. 열나!"라는 말을 사용한다. 그런데 물질의 반응에서도 열을 내는 반응이 있다. 추운 겨울 온풍기를 틀면 더운 바람이 나오면서 실내가 따뜻해진다. 이것은 온풍기의 연료가 타면서 열을 내는 반응을 일으켰기 때문이다.

우리 생활의 중요한 연료로 쓰이는 휘발유, 등유, 그리고 LPG나 도시가스 등을 태우면 열이 나는 반응을 일으킨다. 그리고 우리는 이 열을 에너지로 이용하여 생활에 유용하게 쓰고 있다. 우리는 이 열을 난방에도 쓰고, 물을 끓이거나 요리하는 데에도 사용한다.

그런데 이런 연료들은 어떻게 열을 내는 걸까? 이들은 모두 유기물에 해당한다. 유기물은 앞에서 말한 대로 거의 탄소와 수소로 이루어져 있다.

  이들 연료를 태우면, 재는 거의 남지 않고 이산화탄소와 물만 생긴다. 그런데 이들 연료를 태울 때 생기는 것이 또 하나 있는데, 바로 '열'이다. 즉, 연료를 태우는 반응은 열을 발생하는 반응이란 뜻이다. 이와 같이 연료가 타는 반응을 연소라고 한다. 그럼 이 연소 반응을 다시 정리해 보자.

> 연료 + 산소 → 이산화탄소 + 물 + 열

  즉, 연료가 산소와 결합하여 반응하면 물과 이산화탄소와 열을 생성한다. 화학 반응 중 이렇게 열이 나는 반응을 발열 반응이라고 한다. 발열 반응에는 다음과 같이 여러 다양한 반응이 있다.

① 연소 반응 : $2H_2 + O_2 \rightarrow 2H_2O + 286kJ$

② 중화 반응 : $HCl + NaOH \rightarrow NaCl + H_2O + 56.4kJ$

③ 용해 반응 : $H_2SO_4 + H_2O \rightarrow H_2SO_4 + 57.7kJ$

④ 금속과 산의 반응 : $Mg + 2HCl \rightarrow MgCl_2 + H_2 +$ 열

화학 반응식

화학 반응식이란 물질의 화학식을 이용하여 화학 반응을 나타내는 식으로 → 표시 좌우에 반응물과 생성물을 표시하여 나타낸다. 이때 → 좌우의 원자 개수는 정확히 같아야 한다. 예를 들어 $2H_2+O_2$ → $2H_2O$의 화학 반응식에서 좌변의 수소 개수는 4개, 우변의 수소 개수도 4개이다. 또한 좌변의 산소 개수는 2개, 우변의 산소 개수도 2개이다.

또 필요한 경우 상태를 표시하여 나타내어야 하는데, 이때는 화학식 옆에 ( )로 표시하여 나타낸다. 고체의 경우 s, 액체의 경우 l, 기체의 경우 g이며, 수용액인 경우 aq로 나타낸다.

'열'을 흡수하는 반응

우리 생활에서는 연료가 타는 것처럼 열을 내는 반응이 있는가 하면, 이와 반대로 주위의 열을 흡수하는 반응도 있다.

더운 여름, 숲 속에 가면 왠지 상쾌하고 시원한 것을 느낄 수 있다. 이것은 식물의 광합성 작용 때문이다. 식물의 광합성은 식물이 물과 이산화탄소를 이용하여 포도당과 수증기, 산소 등을 만들어 내는 반응을 말한다. 이 반응을 다시 정리해 보자.

물 + 이산화탄소 → 포도당 + 산소 + 수증기 − 열
광합성 반응
$6CO_2 + 12H_2O → C_6H_{12}O_6 + 6H_2O + 6O_2 - 2{,}876 kJ$

그런데 위의 반응식에서 '-열'에 주목해 보자. 이처럼 광합성 반응에서는 열을 흡수하는 반응이 일어난다. 즉, 주위의 열을 흡수해야 광합성 반응이 일어날 수 있다는 것이다. 그래서 숲 속에서는 나무들이 산소를 품어내고 또 열을 흡수하기 때문에 상쾌하고 시원하게 느껴지는 것이다.

이처럼 우리 생활 가운데는 열을 흡수하는 반응도 있다.

발열과 흡열

이상에서 발열 반응과 흡열 반응에 대해 알아보았다. 만약 발열 반응이 일어난다면 주위의 온도는 올라가게 되어 더워질 것이다. 그러나 흡열 반응이 일어난다면 주위의 온도가 내려가게 되어 시원하거나 추워질 것이다.

그런데 우리 주변의 반응 중에는 발열 반응이 훨씬 더 많다. 예를 들어 여러 가지 물질의 연소는 물론 녹스는 반응, 물질이 용해하는 반응 등도 발열 반응이다.

겨울에 자주 사용하는 1회용 손난로 역시 발열 반응을 이용한 것이다. 또한 우리 몸속에서도 여러 가지 발열 반응이 일어나 그 열로 체온을 유지하기도 한다.

이러한 발열 반응과 흡열 반응은 물질의 상태 변화와 같은 물리 변화에서도 경험할 수 있다. 왜냐하면 물질의 상태 변화는 열의 출입을 수반하고 있기 때문이다.

다음 그림은 물질의 상태 변화 시 열의 출입 관계를 그림으로 나타낸 것이다.

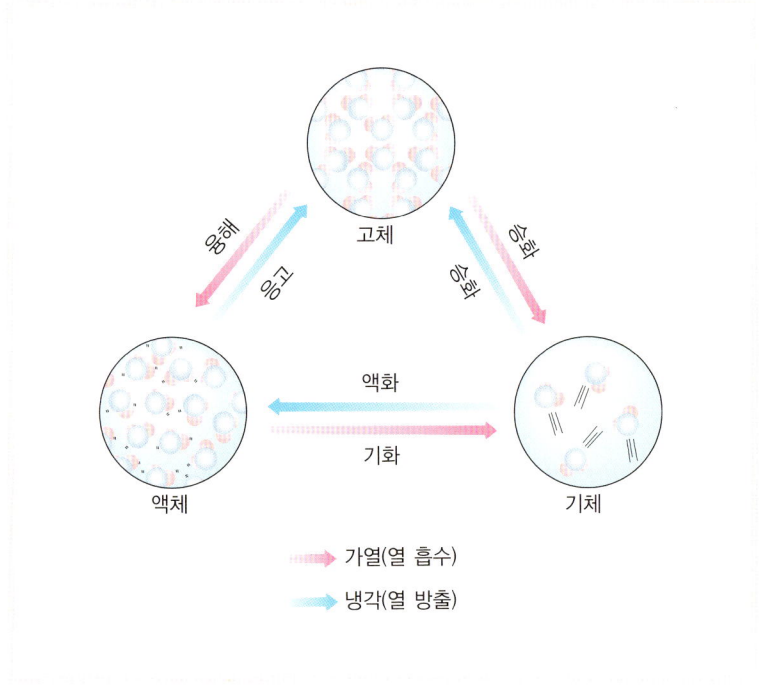

▲ 물질의 상태 변화와 열에너지의 출입

간단히 말하면 고체→액체→기체로 변할 때에는 열을 흡수하고, 기체→액체→고체로 변할 때에는 열을 방출한다. 이러한 열의 출입은 우리 생활에 활용되기도 한다.

예를 들어 여름에 시원해지라고 마당에 물을 뿌리는데, 이는 물이 수증기로 변하는 반응에서 주변의 열을 흡수하기 때문이다.

또한 추운 겨울 에스키모들은 그들의 얼음집인 이글루 안이 따뜻해지라고 이글루 벽에 물을 뿌린다. 이때 물이 얼면서 열을 내기 때문에 얼음으로 만든 이글루 안임에도 불구하고 따뜻해지는 것이다.

▲ 이글루

산화와 환원

어렵게만 느껴지는 산화와 환원

화학에서 중요하게 다뤄지는 반응으로 산화와 환원 반응이 있다. 그런데 이게 쉽지만은 않다. 왜냐하면 단어는 하나인데, 여러 가지로 뜻을 설명하기 때문이다. 어떨 땐 산소와의 결합을 이야기하다가 어떨 땐 전자의 주고받음을 이야기한다. 또, 다른 복잡한 이야기로 산화와 환원을 이야기하기도 한다. 그래서 산화와 환원이 어렵게 느껴지는 것이다.

그러나 여기에서는 간단히 산소의 주고받음과 전자의 주고받음 정도로 산화와 환원 이야기를 하고자 한다.

우리는 생활 속에서도 산화와 환원이라는 단어를 심심치 않게 사용한다. 우리는 보통 뭔가 희생이 필요한 일을 할 때, 자신 속에서 어떤 것이 떨어져 나간다는 의미로 '산화한다' 라는 말을 쓴다. 그리고 뭔가 손실되어 있는 상태에서 다시 원래의 모습을 회복할 때 '환원된다' 라는 말을 쓴다. 화학 반응에서의 산화와 환원의 의미도 이와 거의 비슷하다.

산소가 지배하는 산화·환원

붉은색의 구리(Cu)를 연소시키면 검은색의 산화구리(CuO)가 생긴다. 이와 같은 반응은 구리가 산소와 결합하는 반응이다. 이와 같이 '구리(2Cu)+산소(O_2)→산화구리(2CuO)' 라는 반응을 '연소된다' 또는 '탄다' 라는 말로 표현된다.

구리가 산화구리가 되는 반응과 같이 어떤 물질이 산소와 결합했을 때, '물질은 산화되었다' 라고 하며, 이러한 반응을 산화라고 한다. 즉, 연소 반응은 산화 반응의 일종이다.

이런 기준으로 볼 때 우리 주변의 물질 중 산화 반응으로 생긴 물질이 엄청나게 많음을 알 수 있다. 예를 들어 물은 수소의 산화 반응(산소와 결합)으로 생긴 물질이다($2H_2 + O_2 \rightarrow 2H_2O$). 또한 이산화탄소도 탄소의 산화 반응으로 생긴 물질이다($C + O_2 \rightarrow CO_2$).

이처럼 우리 주변에는 산소와 결합하는 반응이 있는 반면, 산소를 잃는 반응도 있다. 예를 들어 구리의 산화물인 산화구리와 탄소를 반응시키면, 구리와 이산화탄소가 생긴다. 이 반응은 다음과 같다.

> 산화구리(CuO) + 탄소(C) → 구리(Cu) + 이산화탄소(CO_2)

위의 반응을 잘 살펴보면, 구리의 산화물이던 산화구리에서 다시 구리를 얻게 된 것을 알 수 있다. 그런데 이 과정에서 구리와 결합하고 있던 산소가 떨어져 나간다. 이와 같이 화학 반응에서 물질이 산소를 잃었을 때, '물질은 환원되었다'라고 하며, 그 반응을 환원이라고 한다. 하지만 위의 반응에서 탄소는 산소와 다시 결합했으므로 산화된 것이다.

전자가 지배하는 산화·환원

앞에서 다루었던 구리의 산화 반응을 다시 한 번 보도록 하자.

> 구리(2Cu) + 산소(O_2) → 산화구리(2CuO)

그런데 이 반응은 실제로는 전자의 주고받음으로 이루어진다. 위의 반응의 실제 일어나는 반응은 다음과 같이 다시 나타낼 수 있다.

$$2Cu + O_2 \rightarrow 2Cu^{2+}O^{2-}$$

즉, 새로 생긴 산화구리는 실제로 전하를 띤 이온끼리의 결합으로 이루어진 화합물이다.

위의 반응에 대해 다시 알기 쉽게 설명하면, 중성 원자였던 구리(Cu)는 전자 2개를 잃고(2+) 구리 이온(Cu^{2+})으로 된다. 그리고 역시 중성 원자인 산소는 구리가 잃어버린 전자 2개를 받아(2-) 산화 이온(O^{2-})이 된다. 이제 양이온과 음이온이 서로 결합할 차례이다. 즉, 구리 이온(Cu^{2+})과 산화 이온(O^{2-})이 음양의 조화를 이루며 결합하여, 드디어 산화구리(CuO)가 생긴다.

이 반응에서 구리의 경우 산화되었다고 하고, 산소의 경우 환원되었다고 한다. 즉, 어떤 물질이 전자를 잃을 경우를 산화, 전자를 얻을 경우를 환원이라고 한다.

또한 이 반응에서 상대를 산화하는 물질(자기 자신은 환원되는 물질)을 산화제, 상대를 환원하는 물질(자기 자신은 산화되는 물질)을 환원제라고 한다. 따라서 위 반응의 경우, 구리는 자신이 산화되었으므로 환원제, 산소는 자신이 환원되었으므로 산화제이다.

이 부분은 헷갈리기 쉬우므로 다른 예를 통해 한 번 더 알아보도록 하자.

산화제와 환원제

1. 산화제
- 자신은 환원되면서 다른 물질을 산화시키는 물질
- 전자를 얻는 성질이 클수록 강한 산화제이다.

2. 환원제
- 자신은 산화되면서 다른 물질을 환원시키는 물질
- 전자를 내놓는 성질이 클수록 강한 환원제이다.

아연 조각을 염산에 넣으면 거품을 내면서(수소를 발생시키면서) 녹는다. 이때 아연은 전자 2개를 염산(속의 수소 이온)에게 주고 아연 이온(Zn^{2+})이 된다. 즉, 아연은 전자를 잃었으므로 산화된 것이다.

그런데 아연이 잃어버린 전자 2개는 수소 이온(H^+) 2개가 각각 1개씩 받아서 다시 결합하여 수소 기체(H_2)가 발생한다. 이때 수소는 전자를 받았으므로 환원된 것이다. 이 전체 반응을 정리하면 다음과 같다.

$$Zn + 2H^+Cl^-(염산) \rightarrow Zn^{2+} + 2Cl^- + H_2 \uparrow$$

이 반응을 자세히 살펴보면, 어떤 원자가 전자를 잃을 때 반드시 그 잃은 전자를 받는 원자가 있다는 사실을 알 수 있다. 따라서 이러한 산화와 환원 반응은 항상 동시에 일어난다. 그래서 이러한 산화와 환원이 동시에 일어나는 반응을 산화·환원 반응이라고 한다.

세상의 물질들은 원자 단위의 입자들 간의 화학 결합으로 만들어진다. 그런데 어떤 것은 반응을 잘 하는 반면, 어떤 것은 반응을 잘 하지 못한다. 이러한 현상이 생기는 이유는 원자 속의 미시 세계를 통해 그 비밀을 풀 수 있다. 원자핵 주위에 분포하는 전자의 세계를 이해하면 화학 결합의 마술을 이해할 수 있으며 화학 결합에는 크게 이온 결합, 공유 결합, 금속 결합이 존재한다. 이 장에서는 결합의 마술, 화학 결합에 대해 설명하고 있다.

비주얼 교양 화학

화학의 묘미
– 미시 세계

화학의 미시 세계

우리는 지금까지 좀 거시적인 물질의 세계를 살펴보았다(물론 다른 과학 분야에 비하면 원자를 다루었으므로 엄청 미시적인 세계를 다룬 것이지만). 그러나 화학이라는 학문의 진짜 묘미는 미시 세계에 있다. 아마 대부분의 사람들이 '아니 원자보다 더 미시 세계가 있나?' 하고 반문할 것이다.

그러나 이 세상 대부분의 물질이 화합물이고, 이 화합물들은 화학 반응(화학 변화)에 의해 생긴 물질들이다. 화학 반응을 이해하지 못하면 결코 화학을 공부했다고 할 수 없다. 그런데 이 화학 반응이라는 게 원자의 반응으로 일어나는 것이다. 도대체 원자들은 어떻게 반응을 일으키는 것일까?

놀랍게도 원자들의 화학 반응은 전자들의 움직임으로 일어난다. 즉, 우리는 원자보다 더 작은 전자의 세계를 이해하지 못하면 화학 반응을 이해할 수 없게 된다. 하지만 우리는 앞에서 이러한 전자들이 사는 방(오비탈)까지의 미시 세계를 이미 경험하였다. 따라서 앞으로의 미시 세계 여행이 그렇게 어렵지는 않을 것이다.

 미시 세계와 거시 세계

미시 세계란 원자나 전자와 같이 눈에 보이지 않는 아주 극미한 작은 세계를 뜻하고, 거시 세계란 좀 커다란 개념의 세계를 말한다.

전자는 구름을 타고 다닌다

앞에서 다루었던 원자의 구조 속으로 다시 들어가 보도록 하자. 특히 수소 원자가 가장 단순하니, 수소 원자를 중심으로 살펴보자.

수소 원자의 속은 원자핵(하나의 양성자만 있는)과 하나의 전자만으로 구성되어 있다. 작지만 무거운 (+)전하를 띤 양성자가 원자핵으로서 중간에 위치하고, 그것보다 엄청나게 가벼운(사실상 무게를 이야기하기가 어려운) (−)전하를 띤 전자가 서로 전기적인 힘(쿨롱의 힘)에 이끌려서 붙들려 있다.

이 정도라면 여러분들은 원자에서 원자핵과 전자의 관계가 마치 태양계에서 태양과 지구의 관계와 비슷할 것이라고 생각할지도 모른다.

물론 지구가 태양에 붙들려 있는 것은 비슷하다. 하지만 태양과 지구는 서로 만유인력에 의해 붙들려 있는 것이며, 이때 지구는 일정한 궤도를 그리며 태양 주위를 돌고 있다. 그러나 원자핵과 전자는 만유인력이 아니라 전기적인 힘에 의해 붙들려 있으며, 전자는 지구처럼 일정한 원 궤도를 그리며 돌지도 않는다.

물론 역사적으로 원자의 속 구조가 밝혀지기까지 한때 전자가 지구처럼 원자핵 주위를 원을 그리며 돌고 있다고 생각한 적도 있었다(아래 그림의 보어의 원자 구조 참조). 그런데 그림에서 현대의 완성된 원자 구조를 보면 전자의 배치가 좀 이상한 모양을 하고 있다. 즉, 전자는 보이지 않고 구름 같이 분포된 모습을 보이고 있다. 전자의 모양이 왜 이렇게 변해 버렸을까?

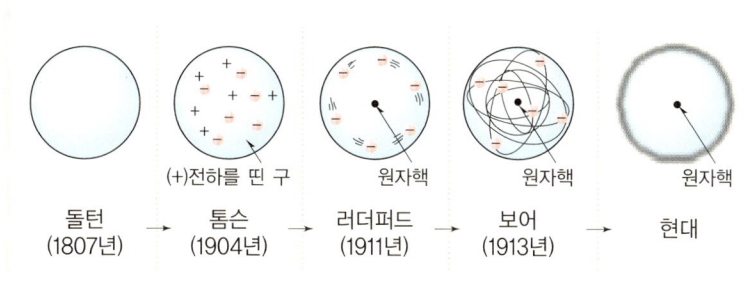

▲ 보어의 원자구조

극미한 미시 세계의 주인공인 전자는 우리가 상상하는 이상으로 너무나 작기 때문에 보통의 입자들의 움직임과는 전혀 다른 역학(양자역학)에 따라 운동하고 있다. 즉, 전자는 입자이기는 하지만, 파동과 같은 성질도 가지고 있다는 것이다.

이러한 양자역학의 세계에서는 우리가 생각하는 대로 입자들이 움직이지 않는다. 원자 속에서 전자는 어떤 때는 중심 부근에서, 또 어떤 때는 더 먼 곳에서 관측되기도 한다. 따라서 이렇게 확률적으로 발견되는 순간 사진을 겹쳐놓으면, 꼭 원자핵을 중심으로 해서 구름과 같은 모양처럼 보인다. 그래서 현대에서는 원자 궤도 속을 운동하고 있는 전자의 모형을 전자구름이라고 부르고 있다.

양자역학

양자역학은 미시 세계의 입자들은 파동과 입자의 양면성을 동시에 지닌다는 이론이다. 전자의 경우가 양자역학으로 설명되는데, 만약 전자가 입자의 성질만 가진다면 전자를 쐈을 때 직선으로 날아가야 한다. 그러나 전자는 이상하게도 직선으로 날아가지 않고 마치 파동처럼 물결 무늬를 만든다. 이것은 입자가 파동과 입자의 양면성을 동시에 가진다는 이론으로만 설명이 가능한데, 양자역학은 이 이론에서 비롯된 것이다.

전자구름들의 이모저모

이제 다시 수소 원자 속의 전자의 분포(이후로는 전자구름 또는 오비탈이라고 함. 오비탈은 궤도라는 뜻)를 살펴보도록 하자.

수소 원자 속의 전자구름은 에너지에 따라 모양이 다르게 나타난다. 즉, 가장 낮은 에너지 상태부터 높은 에너지 상태로 가면서 여러 가지 모양을 나타내게 된다. 다음 그림을 보도록 하자.

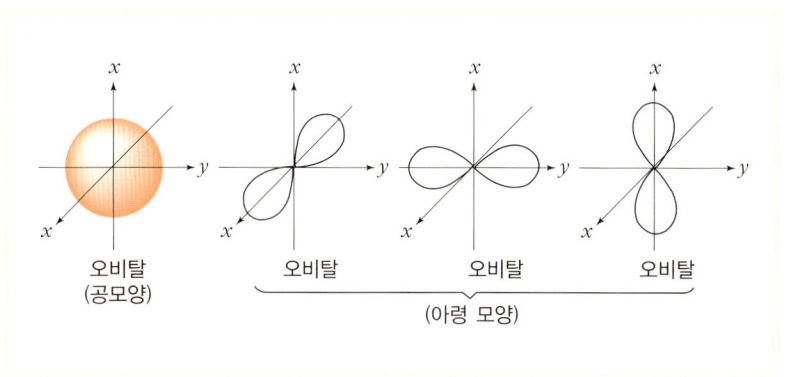

▲ 수소 원자 속의 전자구름

가장 낮은 에너지 상태일 때의 전자구름은 공처럼 생겼으며, 1s 오비탈이라고 부른다. 앞에 붙은 숫자 1은 에너지의 크기를 나타낸 것이다. 그리고 이 오비탈보다 더 높은 에너지 상태가 되면 2s 오비탈이라고 불리는 공 모양의 궤도 이외에 아령 모양의 2p 오비탈이 생긴다. 즉, 앞에 모두 2가 붙어 1보다 에너지가 높음을 나타낸다. 그런데 2p 오비탈은 $2p_x$, $2p_y$, $2p_z$로 불리는 3가지 오비탈로 나뉘어 있다. 위의 그림에서 보는 것처럼 3차원 공간의 x, y, z축에 각각 아령이 걸쳐 있는 모양이다.

이들 각각의 오비탈에는 최대 2개의 전자가 들어갈 수 있다. 또한 이런 식으로 에너지를 올리면 계속 새로운 오비탈은 늘어나게 된다.

다시 원자 속 구조의 그림을 그려보면, 우선 크게 전자껍질이라는 것이 있다. 이 전자껍질은 에너지의 크기에 따라 K, L, M, N이라고 부른다. 그리고 이 전자껍질에는 다양한 오비탈(전자구름)이 존재하는데 다음 표에 전자껍질에 따른 오비탈을 확인할 수가 있다. 그리고 이 각각의 오비탈 속에 전자는 최대 2개가 들어갈 수가 있다.

전자껍질	K(n=1)	L(n=2)	M(n=3)	N(n=4)
오비탈의 종류	1s	2s, 2p	3s, 3p, 3d	4s, 4p, 4d, 4f
오비탈 수	1	1, 3	1, 3, 5	1, 3, 5, 7
총 오비탈 수	1	4	9	16
전자의 수($2n^2$)	2	8	18	32

이제 전자를 배치시켜 보자!

이제 정상적인 상태에 있는 수소 원자를 살펴보자. 수소 원자는 원자핵을 중심으로 1s 오비탈에 1개의 전자가 들어 있는 모습이다. 그런데 1s 오비탈이 최외각 전자껍질인 수소의 경우 2개가 들어차야 안정한 오비탈에 1개만 들어 있어 불안정하다. 그래서 수소 원자는 이 1개의 전자를 처리해야만 하는 상황에 놓이게 된다. 이 부분 수소 원자가 어떻게 처리하는지 뒷부분에 가서 보도록 하자.

그럼 이제 원자번호가 2번인 헬륨의 경우를 보도록 하자. 헬륨은 원자핵의 양성자가 2개이다. 헬륨은 그래서 2개의 전자를 가져야 중성이 되므로 2개의 전자를 가진다. 따라서 헬륨의 전자는 1s 오비탈에 전자 2개가 들어가 있는 모양이다. 그런데 수소와 비교할 때, 핵이 전자를 끌어당기는 힘이 강해졌기 때문에 헬륨 원자로부터 전자를 빼앗는 일은 쉽지가 않게 되었다.

다음으로 원자번호 3번인 리튬을 살펴보자. 리튬은 전자가 3개이다. 이 3개의 전자 중 2개는 1s 오비탈에 들어가지만, 나머지 1개는 2s 오비탈에 들어갈 수밖에 없다. 왜냐하면 1개의 오비탈에 최대 2개의 전자만 들어갈 수 있기 때문이다.

그런데 2s 오비탈은 최외각 전자껍질이 달라진다. 최외각 전자껍질의 2s 오비탈에 달랑 혼자만 있는 전자 1개는 수소 때와 마찬가지로 리튬이 꼭 처리해야 할 숙제이다. 그렇기 때문에 리튬은 조그마한 에너지라도 받게 되면 이 1개의 전자를 금방 내줘 버린다.

그리고 중성 리튬은 전자 1개를 잃어버리고 양이온이 된다. 리튬은 반응성이 매우 큰 물질이다. 이 전자궤도 이론을 알게 되면 왜 리튬의 반응성이 그리 큰지 금방 이해할 수 있게 된다.

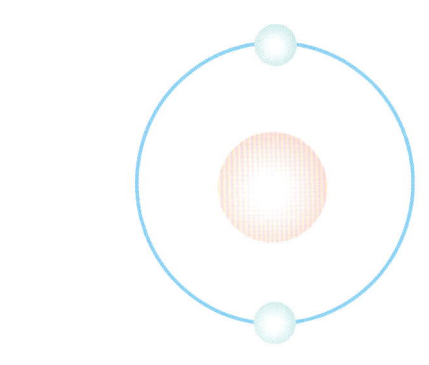

▲ 리튬 이온의 모형(Li+) - 전자 1개를 잃어버리고 1가의 양이온이 된다.

이제 좀 건너뛰어서 원자번호 9번인 플루오르를 보도록 하자. 플루오르는 전자가 9개 있다. 따라서 1s에 2개, 2s에 2개, 2p에 5개의 전자가 들어간다. 이때 우리는 중요한 화학의 규칙 하나를 만나게 된다. 즉, 전자껍질에 관한 화학의 규칙 중 최외각 전자껍질에 8개의 전자가 들어갈 때 원자는 가장 안정한 상태가 된다는 규칙이다. 이를 화학에서는 '옥테트 규칙'이라고 부른다.

그런데 플루오르의 최외각 전자껍질은 L껍질로 현재 7개가 들어가 있는 상태이다. 그러므로 플루오르가 가장 안정한 상태가 되기 위해서는 오히려 전자 1개를 더 받아들여야만 한다. 즉, 플루오르 역시 이 전자 1개의 문제를 해결하지 못하면 불안해서 견디지 못한다. 따라서 플루오르는 조금만 기회가 생겨도 이 빈자리에 전자 1개를 받아들여서 금방 음이온이 되어 버린다.

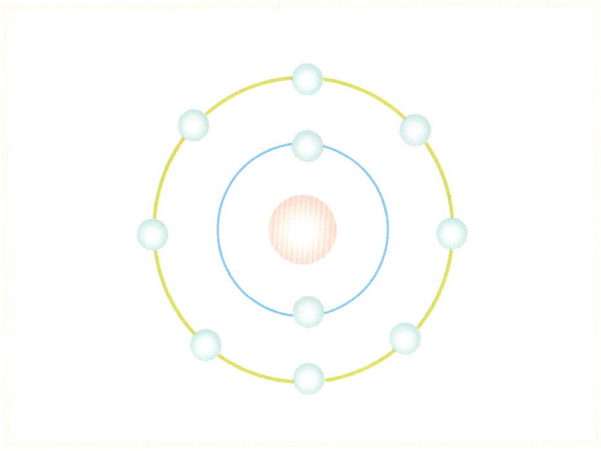

▲ 플루오르화 이온(F⁻) −(마이너스)전자 1개를 얻어 1가의 음이온이 된다.

02 비주얼 교양 화학
화학 결합이 물질을 만든다

모든 물질은 화학 결합으로 이루어져 있다

이 세상의 모든 물질들은 화학 결합으로 이루어져 있다. 단, 단원자로 이루어진 물질을 제외하면 그렇다.

단원자 분자로 이뤄진 물질이란 원자와 원자 사이의 어떤 화학적인 결합 없이 분자를 이루는 물질을 말한다. 이러한 단원자 분자 물질에는 헬륨, 네온, 아르곤 등 비활성 기체들이 있다.

그런데 이들 원자는 하나 같이 최외각 전자껍질에 8개의 전자가 채워져 있어(헬륨만 2개) 가장 안정된 결합 구조를 이루고 있다. 따라서 원자 자체로도 너무 안정되기 때문에 다른 원자와 반응할 이유가 없다.

그래서 단원자로도 분자를 이룰 수 있고 이렇게 하나의 물질이 되는 것이다. 이러한 물질만 빼고는 이 세상 모든 물질은 화학 결합이라는 사슬로 묶여 있다.

원소와 화합물

다른 종류의 원자끼리 결합하여 이루어진 물질은 화합물, 같은 종류의 원자가 여러 개 결합한 물질은 홑원소 물질이라고 한다.

그런데 이 세상에 존재하는 화학 결합은 의외로 그 종류가 간단해, 크게 세 가지뿐이다. 이 세 가지의 화학 결합으로 수백만 가지 화합물들이 만들어진다. 그럼 이 세 가지 결합에는 무엇이 있을까?

우선 금속 원자와 금속 원자가 결합하는 금속 결합이 있다. 이 결합은 그야말로 금속 원자끼리의 결합이다. 철, 구리, 알루미늄 등 모든 금속이 이러한 결합으로 구성되어 있다.

그리고 비금속 원자와 비금속 원자가 결합하는 공유 결합이 있다. 이 결합은 서로의 전자들을 함께 공유하며 결합하는 독특한 방식을 이루고 있다. 물, 수소, 이산화탄소 분자 등이 이러한 결합으로 만들어진 물질들이다. 그런데 이러한 공유 결합은 다양한 구조를 만들 수가 있기 때문에, 단 몇 종류의 원소로도 무한한 화합물을 만들어 낼 수가 있다.

마지막으로 금속 원자와 비금속 원자가 결합하는 이온 결합이 있다. 이 경우 금속 원자는 양이온, 비금속 원자는 음이온을 만들어, 이 둘이 서로 정전기적 힘에 의한 결합을 형성한다. 따라서 서로 단단하게 붙들려 있게 된다. 이러한 결합을 하는 물질로는 염화나트륨이 대표적이다.

그런데 물질이 어떤 성질을 나타내는가에 결정적인 영향을 미치는 것이 화학 결합의 종류이다. 당장 외형만 봐도 이들 결합의 종류가 물질의 성질에 결정적인 영향을 미친다는 사실을 금방 알 수가 있다. 공유 결합하는 물, 금속 결합하는 철, 그리고 이온 결합하는 염화나트륨 등을 비교해 보면, 그 차이를 알 수 있다.

다음 파트에서는 이 세 가지 결합에 대해서 하나하나 알아보자. 이 세 가지 결합은 사람의 관계와 그 성향이 비슷한데 (+)와 (−)가 결합하는 이온 결합은 이성 친구끼리의 만남, 그리고 강한 금속 결합은 남자 친구들끼리의 만남, 마지막으로 전자를 서로 공유하는 공유 결합은 서로 공유하기 좋아하는 여자 친구들끼리의 만남과 비슷하다.

이제 좀 재미있게 이들 화학 결합에 대해 접근해 보도록 하자.

이성 친구가 생겼다
– 이온 결합

운명적인 금속과 비금속의 만남

앞에서 이온 결합은 금속 원자와 비금속 원자 사이의 결합이라고 했었다. 그런데 이들의 결합은 마치 남자와 여자가 서로 만나는 것에 비유할 수 있다. 남자나 여자가 운명적으로 마음에 드는 이성을 만났을 때 전기적 스파크가 일어난다고 표현할 때가 있다. 이처럼 금속 원자도 자기 마음에 드는 비금속 원자를 만났을 때 전기적 스파크를 일으킨다. 이것은 비금속 원자도 마찬가지다.

이렇게 전기적 스파크가 일어나면 금속 원자는 양이온으로, 비금속 원자는 음이온으로 변해 버린다. 이제 남은 일은 마치 자석의 N극과 S극이 서로 딱 붙는 것처럼 이 둘도 전기적으로 서로 결합하는 것이다. 그런데 이 경우, 원자 상태로 결합하는 것이 아니고 이온 상태로 결합한다고 하여 '이온 결합'이라고 부르는 것이다. 이렇게 결합한 대표적 화합물로는 소금(염화나트륨)이 있다.

　이온 결합은 매우 강한 결합이어서 녹는점이나 끓는점도 매우 높다. 그래서 염화나트륨의 경우 녹는점은 801℃이고, 끓는점은 1,413℃나 된다. 이는 우리 부엌에서 소금과 친구 사이인 설탕을 보면 쉽게 알 수 있다. 설탕은 약간의 열만 가해도 쉽게 녹아 버린다. 그러나 이온 결합한 소금은 801℃의 열이 가해져야만 녹게 된다.

왜 이온 결합이 생길까?

　남자와 여자는 왜 서로 좋아할까? 이 질문에 과학적인 답을 할 수 있는 사람은 많지 않을 것이다. 그러나 이온 결합에서 금속과 비금속이 만나는 것은 확실한 과학적인 근거를 댈 수 있다. 이제 이들이 결합할 수밖에 없는 이유를 알아보자.

　우선, 알기 쉽게 우리와 가장 가까우면서 대표적인 이온 결합 물질인 소금을 예로 들어 보자. 소금은 금속인 나트륨과 비금속인 염소가 만나면서 만들어지는 물질이다. 그런데 금속은 전자를 버리고 양이온이 되기 쉬운 주기율표의 1, 2족에 해당하는 물질이다. 반면, 비금속은 반대로 전자를 받아서 음이온이 되기 쉬운 주기율표의 16, 17족에 해당하는 원소이다.

아래 그림과 같이 염소 기체 속에 가열한 나트륨을 넣으면, 심한 열과 빛을 내면서 반응하고 백색 분말이 남게 된다. 이 백색 분말이 바로 염화나트륨이다. 그런데 이 반응이 일어날 때, 원자의 미시 세계에서는 도대체 무슨 일이 일어나는 것일까?

◀ 염화나트륨

1족 원소인 나트륨은 최외각 전자가 1개뿐이므로 매우 불안하다. 그러므로 전자 1개를 잃고 양이온(Na^+)으로 된다. 그러나 17족 원소인 염소는 최외각 전자가 7개뿐이므로 역시 전자 1개를 받아들여야 안정되게 된다. 따라서 염소는 전자 1개를 받아들이려고 한다. 그런데 마침 나트륨이 전자 1개를 내놓으려고 하니, 염소는 나트륨에게서 당장 전자 1개를 받아 음이온(Cl^-)으로 변해 버린다. 이렇게 생긴 양이온과 음이온은 쿨롱의 힘(전기적인 힘)으로 서로 당기면서 단단한 결정을 만든다. 이렇게 이온 결합이 이뤄지는데, 이 과정에서 생긴 결정을 이온 결정이라고 부른다.

이온 결정들의 사랑 이야기

이온 결정 중에서 염화나트륨처럼 간단한 모양으로 결합하는 것도 있지만 더 복잡한 방식으로 결합하는 이온 결정도 있다. 예를 들면 대부분의 산화물(산소와 결합한 물질)은 이온 결정을 만드는데, 산화구리나 산화마그네슘도 이온 결정이다. 산화구리(CuO)는 금속 구리와 비금속 산소와의 만남으로 이루어진다. 또한 산화마그네슘(MgO)은 금속 마그네슘과 비금속 산소와의 만남으로 이루어진다.

좀 더 복잡한 이온 결정을 살펴보자. 대리석이나 조개껍데기의 주성분인 탄산칼슘도 이온 결정이다. 즉, 금속 칼슘과 비금속 그룹인 탄산(H_2CO_3)과의 만남으로, 탄산에서 수소 이온이 떨어져서 생긴 탄산(CO_3^{2-})이온과 칼슘 이온(Ca^{2+})이 만나 이루어진 이온 결정이다.

이러한 이온 결정들은 전기적 성질로 결합하였기 때문에 대부분은 단단하면서도 잘 부서지는 성질을 가지고 있다. 또한 물에 녹으면 이온이 분리되므로 전기를 통하게 하는 성질도 있다.

이온 결합 물질의 성질

① 녹는점과 끓는점이 높다.
② 고체 상태에서는 전기가 통하지 않으나, 액체나 수용액 상태에서는 전기가 잘 통한다.
③ 단단하지만 부스러지기 쉽다.

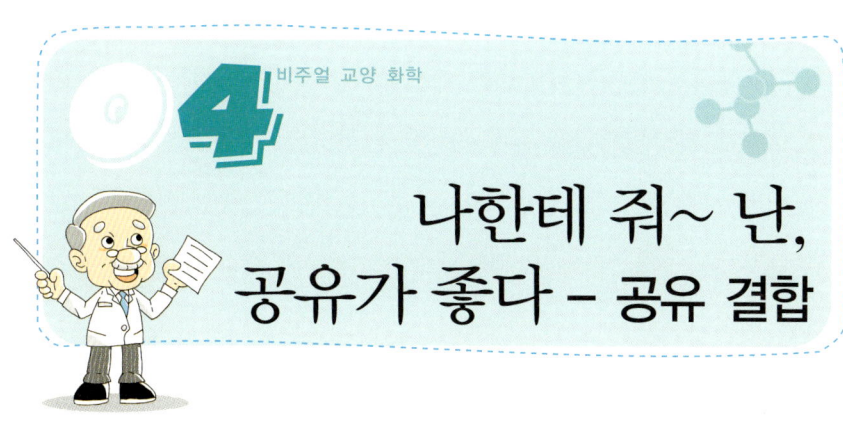

나한테 줘~ 난, 공유가 좋다 - 공유 결합

공유 결합의 실체

우주에 가장 많이 존재하는 원소는 수소다. 수소는 우주 공간에서는 수소 원자(H) 상태로 떠돌아다니지만, 지구에서는 절대 그럴 수 없다. 왜냐하면 지구는 더 이상 진공도 아니며 어느 정도의 압력도 존재하는 전혀 다른 환경이기 때문이다. 따라서 지구에서는 수소 기체(H_2)로서만 존재한다.

그러면 이러한 수소 기체는 어떻게 해서 생기는지 알아보도록 하자. 우선 수소 기체 자체의 전자 배치가 앞에서 이야기했던 대로 최외각에 1개만 가지고 있는 것이 불안정한 상태라는 것을 염두에 두고 다음 내용을 읽도록 하자.

수소 원자를 멀리 떨어뜨린 상태에 대해 생각해 보자. 당연히 서로 아무런 힘도 작용하지 않을 것이다. 그런데 이것을 조금씩 가까이 하면 어떻게 될까? 당연히 원자 사이의 인력이 생기기 시작할 것이다. 두 입자 사이가 가까워지면 인력이 생기는 만유인력의 법칙은 지구나 태양계와 같은 거시 세계뿐만 아니라 원자의 미시 세계에서도 그대로 적용된다.

그런데 원자 세계에서 작용하는 인력에는 쿨롱의 힘이라는 전기적 인력이 있다. 원자의 구조 자체가 (+)전하를 띤 원자핵과 (−)전하를 띤 전자로 이루어져 있기 때문이다.

이제 어느 정도 원자 사이의 거리가 가까워지게 되면, 한쪽 원자의 인력권에 또 다른 원자의 전자가 감지된다. 마침 수소 원자는 전자 1개를 어떻게든 처리해야 하는 상황이다. 이제 서로의 존재를 확인한 원자핵은 상대편의 전자를 즉각 공유하게 된다.

그런데 서로의 전자를 공유하기 위해서는 서로의 전자 오비탈을 겹쳐야만 가능하다. 그래서 수소 원자의 경우 2개의 1s 오비탈이 겹쳐져서 새로운 공유 결합 상태의 오비탈이 생기는 것이다. 그리고 그 겹쳐진 오비탈에 서로의 전자가 들어온다. 이렇게 서로의 원자가 새로운 한 오비탈을 만들어서 서로의 전자를 공유하면서 생기는 결합을 공유 결합이라고 부른다.

다음 그래프를 보면 좀 더 쉽게 공유 결합을 이해할 수 있다. 수소 원자는 서로의 거리가 0.074에 다다랐을 때에야 드디어 공유 결합을 형성하고 가장 안정해진다. 그런데 수소 원자끼리의 거리가 더 가까워지면 어떻게 될까? 이때는 원자핵끼리 반발하는 힘이 커져 버리기 때문에 균열이 생기고 만다.

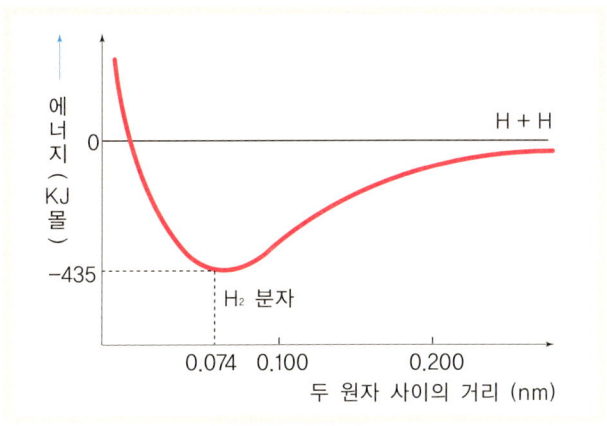

▲ 수소 원자의 거리와 공유 결합

분자 결정과 공유 결정

① **분자 결정**
- 원자의 공유 결합으로 만들어진 분자들이 규칙적으로 배열되어 이루어진 결정
- 분자간의 인력이 약하므로 결합력이 약해 녹는점, 끓는점이 낮다.
- 승화성이 있다.
- 고체, 액체 모두 전기의 부도체이다.
  ex) 드라이아이스, 얼음, 요오드

② **공유 결정**
- 구성 원자 전체가 공유 결합을 이루어 모든 원자들이 그물처럼 이어진 결정
- 결합력이 대단히 강하므로 녹는점, 끓는점이 매우 높다.
- 대부분 전기 부도체이다(흑연은 예외).
  ex) 다이아몬드, 흑연, 석영

물 분자도 공유 결합한다

우리와 가장 친숙한 물은 물 분자로 이루어져 있다. 이 물 분자도 공유 결합으로 만들어진다. 이러한 물 분자의 공유 결합이 어떻게 이루어지는지 알아보도록 하자.

물 분자는 모두 비금속인 산소 원자 1개와 수소 원자 2개가 서로 공유 결합하여 만들어진다. 산소와 수소가 서로 공유 결합을 하기 위해서는 산소의 전자 오비탈과 수소의 전자 오비탈이 겹쳐져야 한다. 이 과정을 미시 세계로 들어가 관찰해 보자.

산소는 최외각 전자가 6개(16족이므로)이다. 다시 한 번 말하지만 원자의 결합에서 최외각 전자가 중요한 이유는 이 최외각 전자가 결합에 사용되기 때문이다. 산소의 공유 결합에 사용될 최외각 전자 6개는 2s 오비탈에 2개, 그리고 3개의 2p($2p_x$, $2p_y$, $2p_z$) 오비탈에 4개가 들어가야 한다. 그러면 2p($2p_x$, $2p_y$, $2p_z$) 오비탈에 4개의 전자가 어떻게 배치될까?

일단 $2p_x$, $2p_y$에는 각각 1개씩, 그리고 $2p_z$에는 2개의 전자가 들어간다고 가정하자. 이때 $2p_x$, $2p_y$ 오비탈은 전자가 1개씩밖에 없어 채워지기를 원하고 있다. 반면 수소 원자는 앞에서도 이야기했듯이 1s 오비탈의 전자 1개를 처리해야 하는 상황이다. 이것이야 말로 죽이 딱 맞지 않는가! 산소 원자는 고민할 필요도 없이 비어 있는 $2p_x$, $2p_y$ 오비탈에 2개의 수소 원자의 전자를 각각 받아들인다. 이렇게 되면 이제 산소 원자도 최외각 전자 8개로 안정되고 수소 원자도 안정된다. 비로소 물 분자의 공유 결합이 완성된 것이다.

이와 같은 과정으로 공유 결합하여 만들어진 물질들에는 물 분자뿐만 아니라, 염화수소(HCl)와 암모니아(NH₃) 등이 있다.

등이 굽은 물 분자

그런데 이상한 것이 있다. 그것은 물 분자의 모양이다. 즉, 우리의 상식으로 생각할 때 물 분자의 모양은 직선 모양이어야 할 것 같은데 다음 그림에서 보는 것처럼 굽은 모양을 하고 있다.

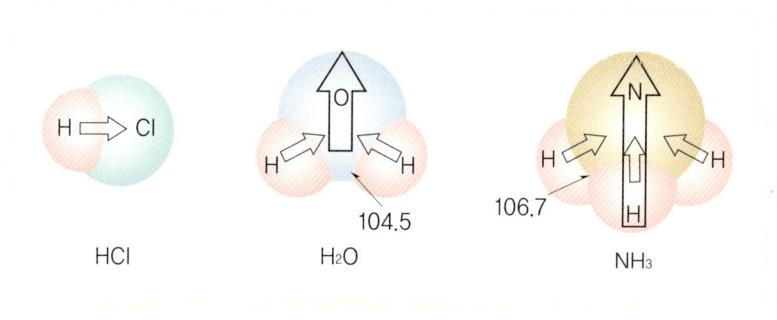

▲ 염소, 물, 암모니아의 입체 구조

이것을 이해하기 위해서는 물 분자의 최외각 전자 배치를 다시 입체적으로 살펴보아야 한다. 앞에서 물 분자의 최외각 전자껍질에는 산소 원자를 중심으로 8개의 전자가 안정한 상태로 결합되어 있다고 했었다. 그런데 이 전자는 오비탈이란 방에 들어 있고 각 방에는 2개의 전자가 들어갈 수 있다. 따라서 4개의 전자쌍이 존재하는 셈이다. 그런데 이들 전자쌍들은 모두 (-)전하를 띠기 때문에 서로 반발력으로 버티고 있는 상황이다. 이 4개의 전자쌍 중 2개의 전자쌍은 수소 원자와의 결합으로 이미 사용되었다. 문제는 남아 있는 2개의 전자쌍들이다. 이들의 반발력이 산소와 수소가 공유 결합하고 있는 전자쌍보다 세기 때문에 이들을 더 밀어내게 된다. 따라서 물 분자의 결합 모양이 굽은 형태를 하고 있는 것이다.

이러한 현상은 위의 암모니아 분자의 경우도 마찬가지이다. 암모니아에도 최외각에는 4개의 전자쌍이 존재한다. 그런데 3개의 전자쌍은 결합에 사용되었고 아직 결합에 사용되지 않은 1개의 비공유 전자쌍이 남아 있다. 이 전자쌍의 반발력으로 암모니아 역시 약간 굽은 형태의 삼각뿔 모양을 하고 있다.

비공유 전자쌍

공유 결합하는 중심 원자 최외각 껍질에 존재하는 전자쌍 중 실제 다른 원자와 전자를 공유하는 전자쌍이 아닌 전자쌍을 비공유 전자쌍이라고 한다.

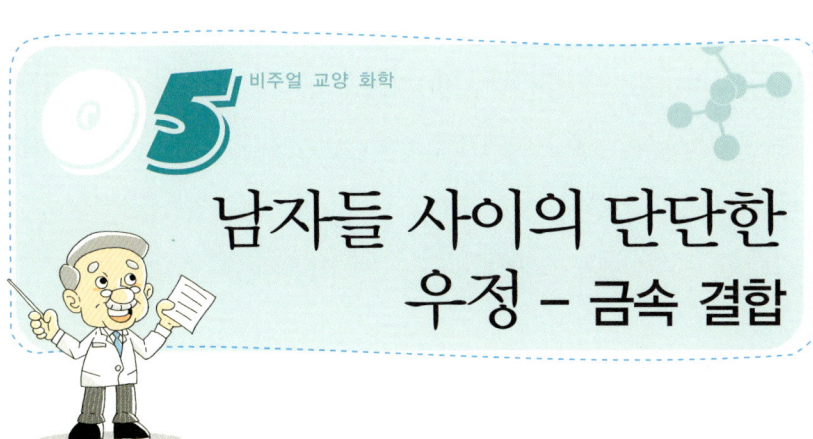

05 남자들 사이의 단단한 우정 – 금속 결합

비주얼 교양 화학

금속 원자끼리 금속을 만든다

이성 친구도 좋지만 때로는 동성 친구가 더 좋을 때가 있다. 마찬가지로 원자들도 같은 성질끼리 결합하기도 한다. 그중 금속 원자들끼리의 결합에 대해 알아보자.

금속 원자끼리의 결합으로 금속이 만들어지리라는 것은 쉽게 예상할 수 있다. 그런데 금속 원자들은 좀 특별한 방법으로 결합을 한다. 도대체 금속 원자들은 서로 어떻게 결합하는 걸까?

우선, 금속 원자들도 대부분 최외각 전자가 8개가 되어야 한다는 옥테트 규칙을 만족하지 못하고 불안정한 상태로 있다. 그래서 금속 원자들도 언제든지 다른 원자와 반응할 준비가 되어 있다. 즉, 대부분의 금속 원자들은 최외각 전자를 버릴 준비가 되어 있다.

이제 이러한 금속 원자와 금속 원자가 만나면 재빨리 서로의 전자를 내놓으면서 앞에서 이야기한 공유 결합 때와 마찬가지로 전자를 공유하면서 결합하게 된다. 그런데 이 공유된 전자들은 신기하게도 2개의 원자 사이에서 속박 받는 일 없이 많은 원자 사이를 자유롭게 돌아다닌다. 금속 결합에서만 볼 수 있는 이 전자를 자유전자라고 부른다. 다음 그림을 보면 이러한 금속 양이온(원자핵)과 자유전자 사이의 결합이 이해가 될 것이다. 이러한 결합을 금속 결합이라고 한다.

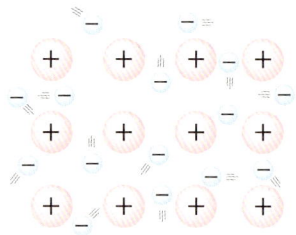

▲ 금속 결합

금속 결합의 결합력

1. 자유 전자수가 많을수록, 금속 원자 반지름이 작을수록 커진다.
2. 공유 결합>이온 결합>금속 결합

자유전자의 바다

모든 금속은 이와 같은 금속 결합을 하기 때문에 독특한 금속성을 나타낸다. 그리고 이 독특한 성질의 중심에 자유전자가 있다. 그럼 왜 자유전자가 금속의 성질을 독특하게 만들까?

우선, 이렇게 자유롭게 움직이는 자유전자가 있기 때문에 금속 결합의 모양은 마치 금속의 양이온이 자유전자의 바다에서 출렁이는 모습과 비슷하게 된다. 이 자유전자들은 마치 물처럼 금속 양이온 사이를 요리조리 빠져 다닌다.

그런데 자유전자는 (-)전하를 띤 물질이므로 전기를 잘 통하게 한다. 대부분의 금속이 고체 상태에서도 전기를 잘 통하는 것은 바로 이 자유전자가 전하를 나르기 때문이다. 또한 자유전자는 열도 잘 전달한다. 그래서 금속들의 열전노율이 높은 것이다. 그리고 이러한 자유전자들은 금속 양이온들을 서로 잘 미끄러지게도 한다. 이러한 성질 때문에 금속은 잘 펴지기도 하고 길게 뽑히기도 한다. 이것을 금속의 연성과 전성이라고 한다.

그런데 어떻게 단단한 금속이 어떻게 잘 펴지고 뽑히는 것일까? 이것은 다른 결합들과 비교해 보면 금방 이해할 수 있다.

원자들이 서로 결합하여 질서정연하게 배열되어 있는데, 이것에 힘을 주어 결합을 깬다고 상상해 보자. 만약 공유 결정이라면, 그렇게 하기 위해서 공유 결합이 먼저 끊어져야 한다. 하지만 이미 오비탈까지 결합하여 새로운 오비탈까지 만든 공유 결정에서는 엄청난 에너지를 가해야만 이것이 가능하다. 다이아몬드가 이 세상에서 가장 단단한 물질인 이유가 여기에 있다. 왜냐하면 다이아몬드는 공유 결합만으로 이루어진 물질이기 때문이다.

또한 이온 결정이라면 어떻게 될까? 이 경우에도 정전기적 인력으로 붙들려 있으므로 힘을 가하면 깨어지는 수밖에 없다. 그래서 이온 결합 물질이 단단하기도 하지만 잘 깨어지기도 하는 것이다.

이제 마지막으로 금속 결정의 경우를 보자. 금속 결정에 힘을 가하더라도 자유전자라는 바다 속에 떠 있는 금속 양이온은 얼마든지 위치 이동을 할 수 있다. 그래서 금속을 얇게 펴기도 하고, 또 길게 뽑기도 할 수 있는 것이다.

또한 금속은 특유의 금속 광택을 낸다. 이러한 광택 때문에 빛은 금속 표면에서 거의 반사된다. 그런데 금속의 전기 전도율이 클수록 반사는 더 크게 일어난다. 그렇기 때문에 금속 중에서도 전기 전도율이 큰 은이나 알루미늄의 표면이 더 많은 빛을 반사해, 좋은 거울이 되기도 하는 것이다.

금속 양이온

금속 원자는 중성이지만 (−)전하를 띤 전자 하나가 떨어져 나가면 나머지 금속 원자는 (+)전하를 띤 부분만 남게 된다. 이것을 금속 양이온이라고 부른다.

화학에서 어떤 물질의 성질을 이해할 때 그 물질이 어떤 종류의 결합을 하고 있는지 알게 되면 그 물질의 정보에 대한 이해가 빨라진다. 즉, 공유 결합만으로 이루어진 물질은 가장 강한 결합력으로 묶여 있어 단단하며, 이온 결합으로 이루어진 물질은 단단한 정전기적 인력으로 결합해 있어 단단하지만 부서지는 성질이 있다. 그러나 금속 결합으로 이루어진 물질은 자유전자의 존재 때문에 연성과 전성, 전기와 열 전도성 등 다양한 특성이 나타나게 된다. 이 장에서는 결합에 대해 살펴본다.

01 비주얼 교양 화학

공유 결합 물질의 두 얼굴

어떤 결합이 가장 셀까?

우리는 앞에서 화학 결합의 종류에 딱 세 가지만 있다고 했었다. 공유 결합, 금속 결합, 이온 결합이 바로 그것이다. 그러면 이 세 가지 결합 중 어느 결합의 세기가 가장 셀까?

결합 그 자체만 놓고 본다면, 공유 결합이 가장 세고 그 다음이 이온 결합, 그리고 금속 결합이 꼴찌다. 가장 단단한 것 같이 보이는 금속 결합이 꼴찌인 것은 의외라는 생각이 든다.

자, 그럼 앞에서 다루었던 공유 결합으로 이루어진 물질들을 다시 떠올려 보자. 물, 암모니아, 염화수소……, 이들은 하나같이 단단하거나 강한 것과는 거리가 먼 것처럼 보인다. 아니 결합력이 가장 세다면서, 왜 공유 결합으로 이루어진 물질은 그렇게 보이지 않는 것일까?

두 얼굴의 공유 결합

 공유 결합은 분명히 모든 결합 중에서 가장 강하다. 그러나 이러한 공유 결합이 만들어 내는 물질은 다시 두 가지로 나뉜다.

 우선, 어떤 공유 결합은 분자라는 입자를 만들어 낸다. 위에서 열거한 물, 암모니아, 염화수소 등이 이에 해당한다.

 공유 결합으로 분자가 만들어지는 분자성 물질은 분자 자체 내의 공유 결합은 매우 강하다. 그러나 분자들끼리 다시 결합해서 물질을 이루게 된다. 따라서 분자들끼리의 결합이 다시 만들어져야 한다. 그렇다면 이 분자들끼리의 결합은 무엇일까?

 지금까지 우리가 다루었던 화학 결합이라는 것은 원자들 사이의 결합까지만 해당된다. 이제 분자들 사이의 결합은 화학 결합이라고 하지 않는다. 분자 사이의 결합은 분자 사이의 약한 인력으로 이루어진다. 따라서 분자성 물질의 결합력은 아주 약할 수밖에 없고, 이러한 분자성 물질의 분자 배열은 쉽게 바뀔 수 있다.

 분자성 물질이 열에 의해 상태 변화를 일으키는 것도 이러한 약한 분자 사이의 결합 때문에 일어나는 것이다. 즉, 물의 경우 열에 의해 분자 배열이 바뀌면 쉽게 얼음이나 수증기로 변한다. 이산화탄소의 고체 상태인 드라이아이스가 쉽게 기체인 이산화탄소로 변하여 날아가 버리는 현상도 분자 사이의 결합이 쉽게 끊어지는 현상에 해당한다.

 공유 결합이 만들어 내는 물질로, 분자성 물질 외에 공유 결정을 만드는 물질이 있다. 이러한 공유 결정은 마치 금속 결합처럼 원자 사이의 공유 결합이 끝없이 펼쳐져 있는 상태를 말한다. 이러한 공유 결정으로 이루어진 물질의 대표가 바로 다이아몬드다. 다음 그림을 보도록 하자.

다이아몬드의 결정은 정사면체 모양으로 탄소 원자가 끝없이 결합하고 있는 구조다. 앞에서 공유 결합이 가장 강한 결합이라고 했었다. 따라서 물질 전체가 가장 강한 공유 결합으로 이루어진 다이아몬드가 세상에서 가장 단단한 물질이 되는 것은 당연한 일이다. 하지만 오른쪽의 흑연은 다이아몬드와 전혀 다르다.

흑연 또한 다이아몬드처럼 탄소 원자의 공유 결합으로 이루어진 물질이다. 그런데 흑연은 다이아몬드처럼 왜 단단하지 않은 걸까? 물질이 단단해지기 위해서는 어떤 화학 결합을 하고 있느냐보다 전체적인 결정 구조가 더 중요하다. 흑연의 경우 공유 결합을 하고 있지만 전체적인 결정 구조 모양은 평면으로 결합된 구조가 층을 이루고 있다. 따라서 잘 미끄러지고 부서지기 쉽다.

우리는 흑연과 다이아몬드에서 화학 결합의 놀라운 힘을 발견하게 된다. 분명히 같은 탄소 원자로 만들어진 물질인데도 결합 상태에 따라 하나는 아름다운 보석이 되는 반면, 하나는 시커먼 물질이 된다는 사실을 알 수 있다.

다양한 분자의 모양

세상에 참 신기한 것이 있다. 그것은 이 세상 사람들의 얼굴 모양이 다 다르다는 사실이다. 분명히 눈 2개, 코 1개, 입 1개의 모양과 배열의 차이로 얼굴이 달라지는 것이련만, 어떻게 이렇게 모두 다르게 만들 수 있을까? 그런데 이런 생각을 해보면 더 신기하다. 지금 지구의 인구가 약 60억이지만, 그전에 살았던 조상들의 수까지 다 합하면 엄청날 것이다. 이 모든 사람들의 얼굴 모양이 다 다르다. 그리고 앞으로 태어날 사람들의 얼굴 모양도 다를 것이라고 생각하면 정말 대단하다고 표현할 수밖에 없을 것 같다.

사람 얼굴 정도는 아니지만 분자의 모양도 다양하다. 물 분자처럼 굽은 모양, 암모니아처럼 삼각뿔 모양, 정육각형 모양인 벤젠, 그리고 최근에 발견된 축구공 모양을 한 풀러렌 등등. 그런데 이 분자들도 사실 얼마 되지 않는 원소의 조합으로 이뤄진다.

그런데 사람들이야 서로를 구분해야 하기 때문에 얼굴 모양이 다르다고 하지만, 분자들의 모양은 왜 이렇게 서로 다른 걸까? 이렇게 분자들의 모양이 다른 것은 분자들의 성질과 밀접한 관계가 있다.

전기적 성질을 띠는 분자

우리는 앞에서 이온 결합성 물질이나 금속 결합의 경우에 전기적 성질을 띤다고 들었었다. 그런데 공유 결합으로 만들어진 일부 분자도 전기적 성질을 띨 때가 있다. 물론 이온 결합성 물질이 물에 녹았을 때나 금속처럼 전기를 통하는 정도는 아니지만, 분자 나름대로 전기적 성질을 띤다.

공유 결합 분자이면서 전기적 성질을 띠는 대표적인 물질이 물 분자이다. 그런데 순수한 물은 전기를 통하지 않는다고 했는데 왜 물 분자가 전기적 성질을 띤다는 것일까?

물과 같은 액체이지만 전기적 성질을 띠지 않는 물질로 사염화탄소가 있다. 이제 물과 사염화탄소로 재미있는 실험을 해보자.

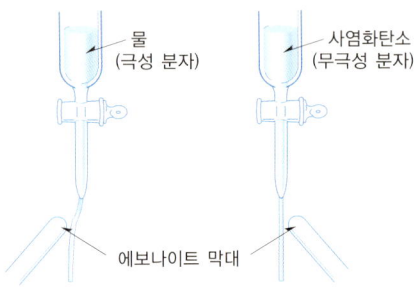

▲ 전기적 성질을 띠는 분자 실험

위의 그림처럼 실험 장치를 하고 아주 가늘게 물과 사염화탄소 두 액체를 흘리면서 전기를 띤 에보나이트 막대를 갖다 대면, 사염화탄소는 아무 반응이 없는데, 물은 에보나이트 막대 쪽으로 이끌리는 현상이 일어난다.

사염화탄소가 에보나이트 막대 쪽으로 이끌리지 않는 것은 전기적 성질을 띠지 않는 물질이라는 증거이다. 그러나 물의 경우 사정이 다르다. 에보나이트 막대는 (+)와 (−)의 전하를 띠고 있다. 그런데 물이 여기에 이끌린다는 것은 물에도 분명히 (+)와 (−)의 전하를 띠는 부분이 있다는 증거이다. 이 의문을 파헤치기 위해 우리는 물 분자의 모양을 다시 한 번 살펴보아야 한다. 그리고 전기음성도라는 중요한 개념 하나를 이해해야 한다.

전기음성도란?

전기음성도라는 새로운 개념이 등장했다. 전기음성도란 무엇일까?

다음 물 분자의 그림에서 산소 원자와 수소 원자는 서로 공유 결합을 이루며 전자쌍을 공유하고 있다. 그런데 산소 원자핵이 전자쌍을 끌어당기는 힘과 수소 원자핵이 전자쌍을 끌어당기는 힘이 서로 다르다. 즉, 산소 원자핵이 전자쌍을 끌어당기는 힘이 더 세다. 따라서 서로 공유한 전자쌍은 산소 원자 쪽으로 쏠릴 수밖에 없다. 이러한 전자쌍을 끌어당기는 힘을 전기음성도(electronegativity)라고 한다.

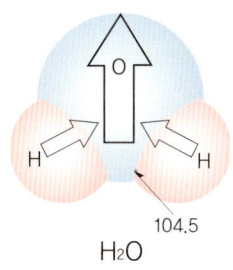

▲ 물의 입체 구조

1932년 과학자 폴링은 공유 결합한 분자를 이루는 각 원자가 공유한 전자쌍을 끌어당기는 힘이 모두 다르다는 사실을 발견했다. 그래서 그는 이러한 원자들의 상대적 값을 실험적으로 밝혀낸 다음, 이 값을 전기음성도라고 불렀다. 폴링이 밝힌 전기음성도의 값은 다음 표와 같다.

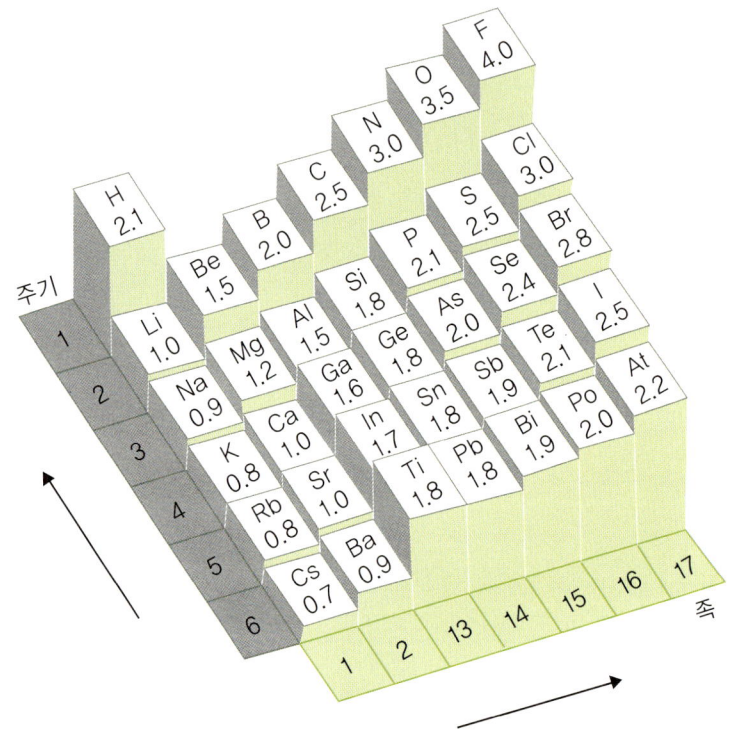

▲ 폴링이 발견한 전기음성도표

    폴링은 전기음성도 표를 만들 때 전기음성도가 가장 강한 플루오르(F) 4.0을 기준으로 상대적인 값을 정하였다. 전기음성도 값은 일정한 주기율에 따른 성질을 나타내는데, 같은 주기에서는 원자번호가 증가함에 따라 전기음성도가 커지고, 같은 족에서는 원자번호가 증가함에 따라 전기음성도가 작아진다. 특히 위의 표에서 보는 것처럼 2주기 원소들은 원자번호가 증가함에 따라 0.5씩 증가하는 규칙적인 성질을 보이기도 한다.

전기음성도가 극성을 결정한다

동일한 원자가 아니라면, 공유 결합에 의해 결합한 2개의 원자는 반드시 전기음성도의 세기에 차이가 있다. 왜냐하면 원소에 따른 전기음성도의 값은 모두 다르기 때문이다. 예를 들어 염화수소(HCl)의 경우, 염소 쪽이 전기음성도가 훨씬 강하다(염소 3.0, 수소 2.1). 따라서 2개의 원자가 공유하고 있는 전자쌍은 염소 원자 쪽에 훨씬 더 이끌리게 된다. 앞에서 물 분자의 경우도 전기음성도가 큰 산소 쪽에 더 이끌려서 붙어 있다고 했었다.

그런데 이러한 현상은 어떤 결과를 이끌어낼까? 전자쌍은 전자들의 집합이므로 (−)전하를 띠고 있다. 따라서 전자쌍을 끌어당긴 원자 쪽은 부분적이긴 하지만 (−)전하를 더 많이 띨 수밖에 없다. 그리고 (−)전하를 띤 전자쌍과 좀 더 멀어진 원자 쪽은 역시 부분적이긴 하지만 (+)전하를 더 많이 띨 수밖에 없다. 다음 분자 모형을 보도록 하자.

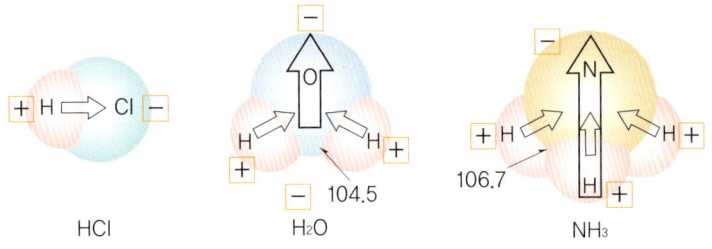

▲ 극성을 가진 분자 모형

위의 세 분자는 전기음성도 차이의 결과로 결국 모두 전기적 성질을 띠게 되었다. 염화수소는 전자쌍이 염소 쪽에 치우쳐 염소는 부분적인 (−)전하를 띠게 되고, 수소는 부분적인 (+)전하를 띠게 되었다. 물 분자 또한 산소는 부분적인 (−)전하를 띠게 되고 수소는 부분적인 (+)전하를 띠게 되었다. 암모니아 역시 마찬가지 결과다. 이와 같이 분자가 전기음성도 차이로 인해 부분적인 전기적 성질을 띠게 될 때 극성을 가졌다고 한다.

극성이 있으면 무극성도 있다

이렇듯 극성 분자가 있는 반면, 무극성 분자도 있다. 그런데 모든 원소의 전기음성도가 다 다르다면, 어떻게 무극성 분자가 있을 수 있을까? 물론 같은 종류의 원소로 이루어진 수소(H_2)나 산소(O_2) 등이야 전기음성도가 같으니 당연히 무극성이다. 그러면 다음 종류의 원자로 이루어진 물질은 어떨까?

이러한 경우는 전체 분자의 모양에서 그 해답을 찾을 수 있다.

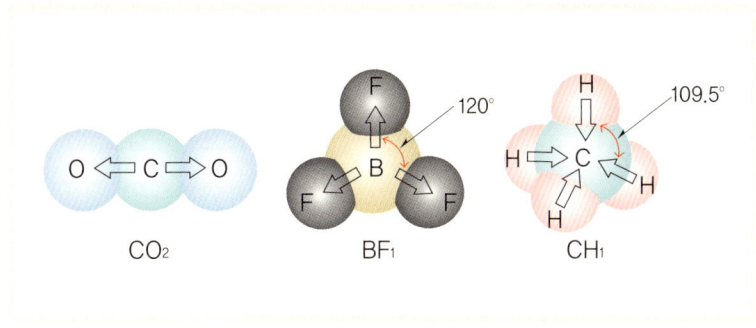

▲ 극성을 가지지 않은 분자 모형

이산화탄소(CO_2)의 경우 직선 모양의 분자다. 그리고 플루오르화봉소(BF_3)는 평면삼각형 모양이고, 메탄(CH_4)의 경우 정사면체 구조다. 그런데 이 세 가지 분자들은 모두 완벽한 대칭 구조를 하고 있다. 따라서 전기음성도의 차이에 따라 부분적인 전하가 생기기는 하지만 이러한 분자 모양의 완벽한 대칭에 따라 전기적 성질이 상쇄되어 버린다. 따라서 전기적 성질을 띠지 않는 무극성 분자가 되는 것이다.

비주얼 교양 화학

극성과 무극성 중 누가 더 셀까?

극성 결합과 무극성 결합의 세기

이제 극성 분자와 무극성 분자의 실체가 밝혀졌다. 그러면 이제 극성 분자끼리의 결합과 무극성 분자끼리의 결합 중 어느 것이 더 센지 알아보도록 하자.

우선 극성 분자의 대표인 물 분자끼리의 결합을 보자. 물 분자는 부분적인 전하를 띠며, 서로 정전기적 인력에 의해 붙들려 있다. 물론 완전한 이온 결합인 염화나트륨 정도는 아니지만, 어쨌든 정전기적 인력으로 붙들리기 때문에 어느 정도 강한 편이다.

이제 무극성 분자인 사염화탄소의 경우를 보도록 하자. 그런데 이들은 무슨 힘으로 결합하는 걸까? 다음 그림을 보도록 하자.

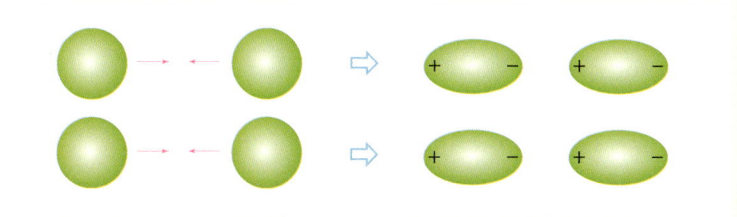

▲ 사염화탄소의 결합

무극성 분자와 무극성 분자가 서로 접근하면 부분적인 아주 약한 전자의 치우침 현상이 일어난다. 이러한 힘을 분산력이라고 하는데, 무극성 분자들은 이러한 힘으로 서로 결합한다. 따라서 분자 사이의 힘이 아주 약하다.

이러한 이유로 분자 사이의 결합의 세기는 다음과 같은 크기의 차이를 보이게 된다.

> 같은 종류의 이원자 분자(무극성) < 다원자 분자(무극성) < 극성 분자

분산력

① **유발 이중 극자** : 무극성 분자의 전자들이 한쪽으로 치우치면서 부분적 전하를 띠게 된 것
② **분산력** : 무극성 분자에서 생긴 유발 이중 극자 사이에 작용하는 인력
③ 분자량이 클수록, 즉 분자의 크기가 클수록 분산력은 커진다.

비슷한 것끼리 어울린다

물과 기름은 왜 잘 섞이지 않을까? 그것은 물은 극성 분자이고 기름은 무극성 분자이기 때문이다. 즉, 물에 어떤 물질이 섞이기 위해서는 전기적 성질을 띠고 있는 물 분자 사이로 끼어 들어가야 하는데, 기름 분자의 경우 전기적 성질을 띠지 않으므로 이 사이를 비집고 들어갈 힘이 없어 물과 섞이지 않는 것이다.

그러나 물에 설탕을 넣으면 잘 녹는다. 이는 설탕 역시 극성 분자이기 때문에 가능하다. 즉, 전기적 성질을 띠고 있는 물 분자 사이의 결합을 비집고 들어갈 만한 전기적 힘을 설탕이 가지고 있기 때문에 설탕이 물에 녹게 되는 것이다.

이처럼 어떤 물질이 서로 섞이기 위해서는 서로 비슷한 성질이 있어야 한다. 즉, 극성 물질은 극성 물질과, 무극성 물질은 무극성 물질과 서로 잘 섞이게 된다.

물질의 용해성

① 설탕물에서 설탕은 용질, 물은 용매라고 한다.
② 용매(물) 분자간의 힘보다 용매(물)와 용질(설탕) 분자간의 힘이 더 클 때 잘 녹게 된다.

물의 특별한 결합

우리의 생명은 물에 달려 있다

물은 모든 생명체가 살아남기 위해 절대적으로 필요한 물질이다. 사람이 물을 먹지 않으면 단 며칠도 살 수 없게 된다. 그런데 도대체 물이 무엇이기에 이런 역할을 하는 것일까?

대부분 우리가 먹는 음식물에는 물이 들어 있다. 우리 몸도 거의 물로 이뤄져 있다. 그런데 왜 물이 생명과 깊은 관계가 있는 걸까? 그것은 물 분자의 결합 구조 속에서 해답을 찾을 수 있다.

앞에서 물 분자는 다음 그림과 같은 구조를 가진다고 했었다. 그래서 물 분자는 부분적인 전하를 띠면서 극성을 가진다.

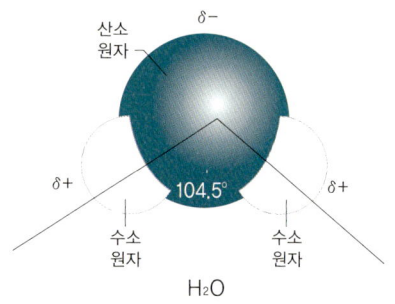

▲ 물 분자 모형

그런데 여기서 수소 원자와 산소 원자의 만남에 큰 의미가 있다. 왜냐하면 원자 중에서 가장 작은 수소 원자의 경우 전기음성도가 큰 플루오르나 산소를 만날 경우 아주 특별한 결합을 하게 된다. 다음 그림을 보도록 하자.

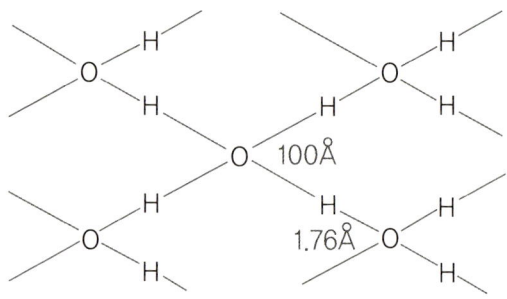

▲ 물 분자의 특별한 조합

이제 물 분자와 이웃한 물 분자 사이에는 아주 특별한 결합이 생기게 된다. 이것은 앞에서 이야기했던 극성 분자끼리의 결합보다 강하다. 굳이 결합의 세기를 비교하자면 다음과 같다.

> 무극성 공유 결합 < 극성 공유 결합 < 수소 결합

이러한 좀 더 강해진 결합을 수소 결합이라고 하는데, 수소와 전기 음성도가 강한 플루오르, 산소, 질소 등과 결합할 때 생긴다고 해서 수소 결합이라고 부른다.

다음의 수소 결합으로 이루어진 물의 입체적인 분자 구조를 보면, 1개의 물 분자는 다른 4개의 물 분자와 수소 결합으로 이어져 있는 것을 볼 수 있다.

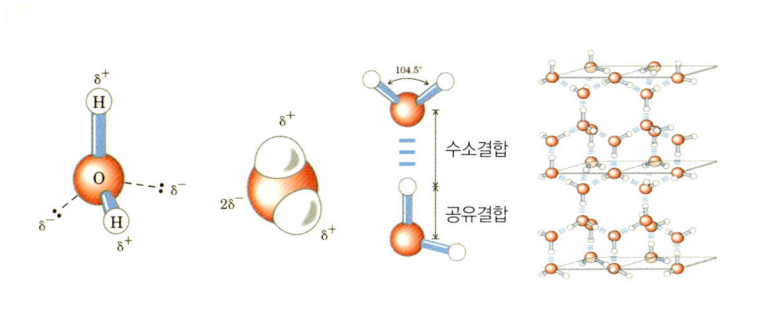

▲ 수소 결합으로 이루어진 물의 입체적 분자 구조

이러한 특별한 결합으로 인해, 물은 분자간 인력이 특별히 강해져

서 쉽게 끊어지지 않게 된다. 그리고 이러한 성질은 물이 다른 물질에 비해 독특한 성질을 나타내게 하는 중요한 역할을 하게 된다.

수소 결합

① 수소 결합 : 전기음성도가 큰 F, O, N 등에 수소가 결합된 분자 사이의 인력
② 이중 분자량이 비슷한 다른 물질에 비하여 녹는점, 끓는점이 높다.

생명을 살리는 물의 성질

물은 강한 물 분자 사이의 수소 결합으로 인해 다른 액체들처럼 쉽게 온도가 내려가거나 올라가지 않는다. 그런데 이 성질이 아주 중요한 역할을 한다. 만약 쉽게 물의 온도가 올라가 버린다면 무슨 문제가 생길까?

우리 인체는 대부분 물로 이뤄졌다. 그런데 여름에 온도가 높아지면 우리 인체 속의 물도 금방 온도가 올라갈 것이다. 그러면 갑자기 체온이 높아지고 우리의 생명은 곧 위험에 처할 것이다. 반대로 겨울에는 잘못하면 얼어 죽을지도 모를 위기에 처하게 된다.

하지만 물은 분자간의 결합이 강해 쉽게 열을 받거나 잃지 않는다. 그래서 온도 변화로부터 우리의 생명을 지켜주는 것이다.

얼음이 물보다 가볍다

이 세상 대부분의 물질은 고체 상태일 때가 액체 상태일 때보다 더 무겁다. 그런데 물만 특이하게도 반대 현상이 일어난다. 즉, 물은 고체 상태인 얼음이 액체 상태인 물보다 더 가볍다. 이것은 물이 얼음으로 되면 오히려 부피가 늘어나기 때문에 나타나는 현상이다.

우리가 보통 액체 상태보다 고체 상태가 더 조밀하게 될 것이라고 생각한다. 그런데 물만 특이하게도 고체 상태로 될 때 분자 간격이 더 조밀하게 되는 것이 아니고 더 느슨하게 된다. 그럼 어째서 얼음이 물보다 더 딱딱한 것일까? 이 비밀 또한 물의 수소 결합으로 설명할 수 있다.

물이 액체 상태일 때는 서로 간의 인력이 약한 상태에서 일정하진 않지만 거의 오각형 분자 배열을 나타낸다. 그러나 얼음이 되면 이 분자 배열이 육각형 모양으로 변한다. 즉 분자 사이의 간격이 더 벌어져 버리는 것이다. 그러나 분자 사이의 인력은 더 강한 구조로 정확한 육각형을 유지하고 있기 때문에 단단한 고체

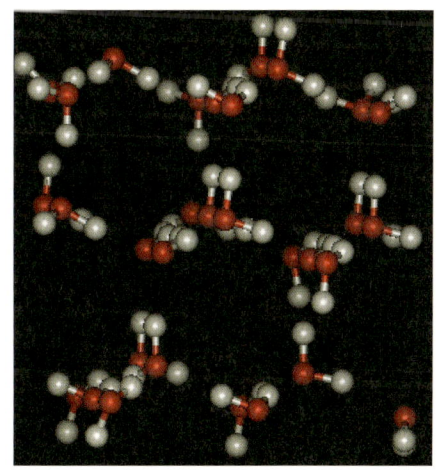
▲ 얼음의 결정 구조 모형

가 될 수 있는 것이다.

그런데 만약 얼음이 물보다 가볍지 않으면 어떤 일이 생길까? 우선 더 이상 얼음은 물에 뜨지 않을 것이다. 그리고 추운 겨울에 강은 밑바닥부터 얼고 이 얼음은 차곡차곡 위로 올라와 강 전체가 얼어 버릴 것이다. 그럼 물고기들은 어떻게 될까? 아마 모두 얼음 밖으로 나와서 죽게 될 것이다.

잘 녹이는 물이 생명을 살린다

물 분자의 결합 속에 숨어 있는 이러한 전기적 성질은 우리 생활에 유용하게 이용된다. 설탕이나 소금이 물에 녹지 않는다고 생각해 보라. 아마 우리 생활은 엄청나게 불편해질 것이다.

무엇보다도 물은 우리 인체에 필요한 무기물 및 유기물까지 녹인다. 당류, 단백질, 그리고 각종 비타민과 무기염류 등은 물에 녹아서 식물을 통해 우리의 인체 속으로 들어오게 된다. 우리는 이러한 사실을 그냥 받아들이지만 만약 물이 이러한 물질을 녹이지 못한다면 우리는 생명을 유지하기 힘들 것이다.

이렇게 물은 물 분자의 독특한 구조 때문에 독특한 성질이 나타내고, 우리의 생활뿐만 아니라 생명을 유지시키는 데 결정적인 역할을 하고 있다.

원자 1개의 크기와 질량은 우리의 상상을 초월할 정도로 너무 작다. 따라서 이 미시 세계를 양적으로 다루고자 할 때는 시간적인 문제와 효율적인 문제에 부딪치게 된다. 이를 해결할 수 있는 기막힌 방법이 개발되었는데 바로 '몰'을 이용하는 것이다. '6.02×10^{23}'이 숫자는 화학의 미시 세계에 있어 마법과 같은 존재이다. 이 수의 발견으로 화학은 간편해졌으며 여러 가지 미시 세계에 대한 측정이 가능하게 되었다. 이 장에서는 '몰'에 대해서 알아본다.

비주얼 교양 화학

세상에서 가장 작은 것은?

원자 1개의 크기?

지금까지 우리는 원자에 대해 알아보았고, 원자의 세계가 아주 작은 크기라고 이야기했다. 그럼 원자 1개의 크기는 어느 정도나 될까?

놀라지 마라. 원자의 종류에 따라 약간씩 다르지만 원자 1개의 크기는 대략 0.00000001~0.00000005cm 정도다. 숫자로 적어 놓으니 원자의 크기가 잘 상상이 가질 않을 것이다. 만약 0.00000002cm 크기의 원자를 2cm 길이의 실에 일렬로 줄을 세우면 약 1억 개의 원자가 그 안에 들어갈 수 있다. 쉽게 말해 원자는 우리가 생각하는 이상으로 작다는 이야기다. 그런데 이렇게 작은 원자가 모여 커다란 물질을 이루게 된다.

그러면 원자의 질량은 또 얼마나 작을까? 이것 또한 크기처럼 너무 작기 때문에 숫자로 나타내는 게 별 의미는 없겠지만, 그래도 말을 꺼냈으니 알아보도록 하자. 모든 원자 중 가장 가벼운 수소 원자의 질량은 자그마치 $0.00000000000000000000000167g(1.67 \times 10^{-27}g)$ 정도이다.

이와 같이 원자 1개는 질량도 매우 작다. 그렇다면 수소 원자 1g이 되려면 수소 원자 몇 개가 모여야 될까? 수소 원자가 6.02×10^{23}개 모이면 수소 원자 1g이 된다. 그런데 놀라운 사실이 있다. 산소 원자도 6.02×10^{23}개 모이면 16g이 되고, 탄소 원자도 6.02×10^{23}개 모이면 12g이 된다.

놀랍게도 딱 맞아 떨어진다. 마치 6.02×10^{23}이란 숫자가 마술을 부리는 느낌이다.

화려한 몰(mol)의 등장!

탄소 원자 1개의 질량을 $1.99 \times 10^{-23}g$로 나타내어 전혀 감을 잡지 못하는 것보다 차라리 탄소 원자 6.02×10^{23}개의 무게를 12g으로 나타내어 사용하는 것이 훨씬 편리하다. 그래서 화학자들은 이러한 미시 세계에서 6.02×10^{23}개의 입자에 해당하는 단위를 '몰(mol)'이라고 정하여 사용하고 있다.

우리 주변의 기본적인 단위, 예를 들면 m나 kg 등은 비교적 잘 와 닿지만, 원자나 분자 하나하나는 너무나 작아서 이러한 단위로는 나타낼 수 없다. 따라서 이러한 '몰' 단위를 사용하면 우리의 머리에 쉽게 와 닿을 수 있다.

그런데 이 6.02×10^{23} 즉, 602,000,000,000,000,000,000,000개는 어느 정도나 될까? 이것은 우리가 상상하는 이상의 엄청난 수가 된다. 예를 들어 1초에 원자를 1개씩 센다고 했을 때, 20,000,000,000,000,000년(2경 년)이나 걸리는 천문학적인 수이다.

분자수와 원자수와 몰수

분자나 물질은 일정한 개수의 원자나 이온으로 이루어져 있으므로 분자나 물질의 몰수를 알면 구성 원자의 몰수도 알 수 있다.

물 분자 H_2O 3개
물 분자 H_2O 3몰

산소 원자 3개, 수소 원자 6개
산소 원자 3몰, 수소 원자 6몰

몰(mol) - 집중 해부!!!

미시 세계를 잘 이해하기 위해서는 이러한 몰 단위를 잘 이해해야 한다. 1mol은 6.02×10^{23}라는 원자, 분자, 혹은 이온 등의 집단을 나타내는 단위다. 마치 연필을 셀 때 사용하는 다스와 비슷하다고 생각하면 된다. 즉, 연필 1다스는 12개고, 원자 1 mol은 6.02×10^{23}개다.

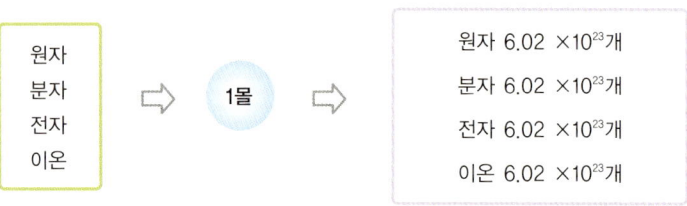

▲ 1mol은 항상 6.02×10^{23}이다

그리고 1mol은 이러한 집단의 질량도 될 수 있고, 부피도 될 수 있고, 또 단순히 개수도 될 수 있다. 예를 들어 수소 기체 1mol은 2g이고, 22.4L(0℃, 1기압에서)이며, 6.02×10^{23}개다.

그런데 위에서 새롭게 등장하는 부피 22.4L는 무엇을 의미할까? 이것은 수소 분자 1mol, 즉 6.02×10^{23}개가 모이면 그 부피가 22.4L가 된다는 것을 의미한다. 수소 기체는 수소 분자가 모여서 만들어지는 물질이다. 그런데 이 수소 기체 22.4L 속에는 6.02×10^{23}개의 수소 분자가 들어 있다.

그럼 산소 기체 22.4L 속에는 몇 개의 산소 분자가 들어 있을까?

산소 분자는 수소 분자보다 더 크니 아마 좀 더 적은 수의 산소 분자가 들어 있을 것 같다. 그런데 그렇지가 않다. 산소 기체 22.4L 속에도 정확히 6.02×10^{23}개의 산소 분자가 들어 있다. 이게 도대체 어찌된 일일까? 그런데 더 놀라운 것은 암모니아 기체도, 이산화탄소 기체도 모두 22.4L 속에 정확히 6.02×10^{23}개의 분자가 들어 있다는 사실이다. 단, 0℃, 1기압이라는 조건에서만 말이다. 이 조건이 달라지면 개수가 달라진다.

위와 같은 사실은 아보가드로라는 화학자가 발견하였다. 그래서 이 사실 즉, 모든 기체는 0℃, 1기압의 조건에서 그 종류에 상관없이 1몰이 차지하는 부피가 22.4L라는 것을 아보가드로의 법칙이라고 부르며, 이 수치(6.02×10^{23})를 아보가드로수라고 부른다.

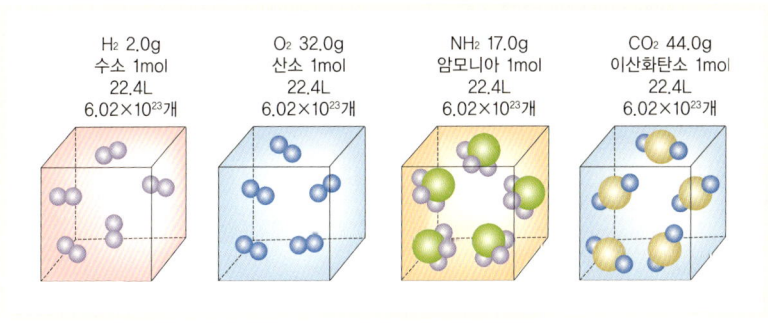

▲ 아보가드로수

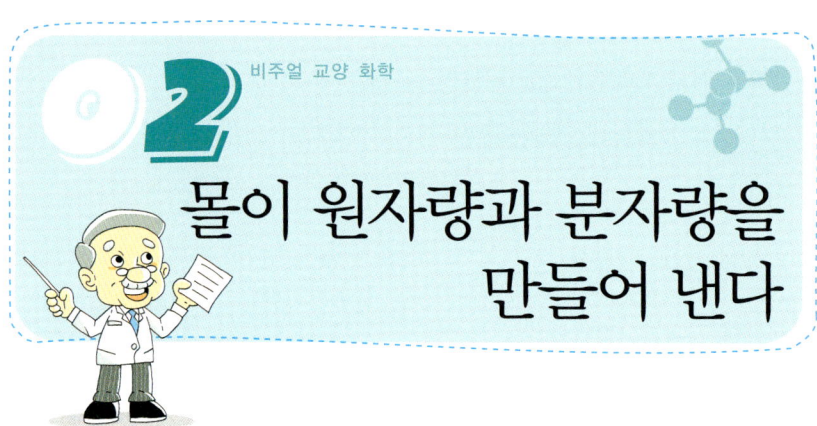

02 몰이 원자량과 분자량을 만들어 낸다

몰이 원자량을 만들다

이제 새로운 개념의 단위 '몰'의 등장으로 원자나 분자들이 와글거리는 미시 세계를 다루기가 훨씬 수월해졌다.

먼저, 수소 원자의 경우를 보도록 하자. 앞에서 수소 원자 1몰의 질량은 1g이라고 했었다. 따라서 수소의 원자 질량은 0.000000000000000000000167g이다. 이렇게 나타내다간 화학의 발전은 가장 뒤처지고 말 것이다. 그래서 우리는 수소의 원자 질량을 '원자량'이란 표현으로 바꾸고, 수소의 원자량을 수소 원자 1몰의 질량이라고 정하기로 약속했다. 그리고 다른 모든 원자도 1몰의 질량을 원자량이라고 부르기로 한다. 그러면 문제는 간단히 해결된다.

자, 그럼 다시 질문을 해보자. 수소의 원자량은 얼마인가? 1g. 그렇다. 수소의 원자량은 1g이다. 그러나 이 원자량은 탄소 원자를 기준으로 한 상대적인 질량값이다. 그래서 원자량이라고 표현할 때는 단위를 붙이지 않기로 한다. 따라서 수소의 원자량은 1이고, 탄소의 원자량은 12이다. 마찬가지로 산소의 원자량은 16, 질소의 원자량은 14이다.

이제 역으로 생각해 보자. 산소 원자 16g은 몇 몰에 해당할까? 당연히 1몰이다. 그럼 산소 원자 8g은 몇 몰에 해당할까? 이것은 절반의 개수에 해당하므로 0.5몰이 된다.

원자량

1. **원자량(1몰의 원자에 해당하는 질량)**
   질량수가 12인 탄소 원자의 질량을 12로 정하고, 이것과 비교한 다른 원자의 상대적 질량
   ㉠ 원자량은 원자의 실제 무게가 아닌 상대적인 값이므로 단위가 없다.
   ㉡ 상대적 원자량은 주기율표에 나와 있는 원자량(= 평균 원자량) 값과 차이가 난다.
2. **1 그램 원자량 (원자량에 g을 붙인 양)**
   1그램 원자량 = 원자량 + g = 원자 6.02×10^{23}개의 질량 = 원자 1몰의 질량

몰이 분자량을 만든다

지금까지 원자를 다뤘지만, 우리 주변의 물질은 대부분 분자나 화합물의 형태로 존재한다. 따라서 이 경우는 또 어떻게 나타내는지 알

아보도록 하자.

물(H_2O) 1몰의 질량은 얼마일까? 일단 물 분자를 이루는 원자량의 합을 구해 보자. 물 분자를 구성하는 원자의 원자량의 합은 $2 \times 1.0 + 16.0 = 18.0$이 된다. 즉, 18g이 바로 물 분자 1몰의 질량이 되는 것이다.

이것으로 우리는 물 분자 1개를 구성하는 원자의 원자량의 합을 알 수 있으며, 또한 이것을 분자량이라고 부른다. 즉, 물 18.0g이 모이면 1몰이고, 물의 분자량은 18이다. 이것 역시 상대적인 값이므로 단위 g은 붙이지 않는다.

그러면 다음으로 암모니아(NH_3)의 분자량을 구해 보자. N, H의 원자량이 각각 14.0와 1.0이기 때문에 $17.0(14.0 + 3 \times 1.0)$이 된다. 즉 암모니아의 분자량은 17이다.

> **분자량 : 분자를 이루고 있는 원자들의 원자량의 총합**
>
> 예) CO_2의 분자량 ▷ $12+16 \times 2 = 44$, H_2O의 분자량 ▷ $1 \times 2 + 16 = 18$
> 분자량도 상대적인 질량인 원자량의 합이므로 단위가 없다.

화학식량도 있다

앞에서 물질 중에는 분자로 이루어지지 않은 것들(다이아몬드, 염화나트륨 등)도 있다고 했었다. 이 경우에도 편리하게 화합물의 질량을 나타내야 하는데, 이 역시 몰을 적용하면 거침이 없다.

즉, 염화나트륨(NaCl)의 경우 나트륨 이온 1몰과 염화 이온 1몰이 결합하고 있는 상태이다. 따라서 염화나트륨(NaCl)의 경우, Na와 Cl의 원자량의 합 58.5(23.0+35.5)가 되고 이를 화학식량이라고 부른다. 또한 염화칼슘($CaCl_2$)의 경우 화학식량이 $40.0+2×35.5=111.0$이 된다.

이제 나는 몰을 제대로 이해했을까?

화학에 입문하려는 사람들 중 상당수가 몰을 어렵게 생각한다. 왜냐하면 마치 몰이 계산을 위해 존재하는 것처럼 보여 화학을 어렵게 만드는 역할을 하고 있었기 때문이다. 하지만 몰을 제대로 이해하지 못하면 화학이 어렵게 느껴지고, 이것은 결국 화학으로부터 멀어지게 만드는 큰 요인으로 작용하게 된다.

그러니 앞으로는 몰이 어렵게 느껴지지 않도록, 암모니아 분자(NH_3)를 통해 몰을 완전히 정복해 버리자! 우선 1몰 = $6.02×10^{23}$을 아예 머릿속에 심어 두고 시작하자.

암모니아 분자는 질소 원자 1개와 수소 원자 3개로 이루어진 분자이다. 그렇다면 암모니아 분자 1몰에는 질소 원자와 수소 원자가 각각 몇 몰씩 들어 있을까? 당연히 질소 원자 1몰, 수소 원자 3몰이 들어 있다. 그럼 암모니아 분자 1몰에 들어 있는 총 원자의 몰수는 얼마일까? 어렵게 생각할 필요가 전혀 없다. 그냥 원자수 = 분자수 = 몰수라고 생각하면 간단히 답이 나온다. 암모니아 분자에는 총 4개의 원자가 들어 있다. 따라서 총 4몰의 원자가 들어 있는 셈이다.

만약 어떤 질문에서 암모니아 분자 1몰에 들어 있는 원자의 총 개수를 묻더라도 전혀 당황할 필요가 없다. 암모니아 분자 1몰에는 총 4몰의 원자가 들어 있으므로 $4 \times 6.02 \times 10^{23}$을 하면 총 원자의 개수가 나온다.

다음 그림에 다시 한 번 원자량과 몰수와의 관계를 나타내었으니 완전히 이해하도록 하자.

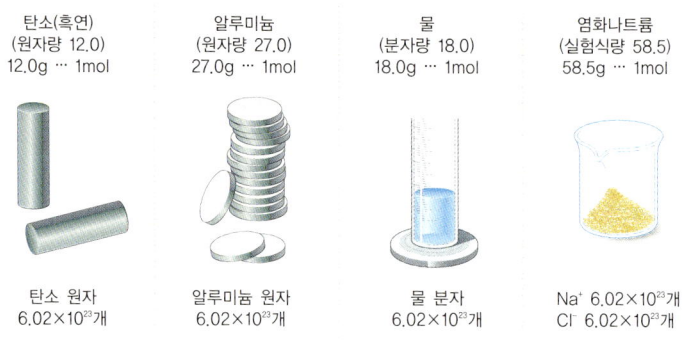

▲ 원자량과 몰수의 관계

몰이 화학 반응식을 살려주다!

몰이 빛을 발할 때는 화학 반응식에서다. 화학 반응식이란 화학 반응을 식으로 나타내는 것을 말한다. 즉, 염산(HCl)과 수산화나트륨(NaOH)이 반응할 때에는 다음과 같은 화학 반응식으로 나타낸다.

$$NaOH + HCl \rightarrow NaCl + H_2O$$

우리는 이 반응식을 보고 HCl 1개와 NaOH 1개가 반응하여 1개의 NaCl과 1개의 H_2O가 생긴다는 것을 유추해 낼 수 있다.

하지만 이렇게만 생각하면 질량비 계산에서 상당한 수고를 하게 된다. 어떻게 0.000000… 단위의 계산을 매번 할 수 있단 말인가!

그런데 우리는 여기에서 놀라운 사실을 발견하게 된다. 위 반응식에서 원자나 분자의 개수의 의미는 그대로 몰 단위로 옮겨진다는 사실이다. 즉, 위 반응의 경우, 'HCl 1몰과 NaOH 1몰이 반응하여 1몰의 NaCl과 1몰의 H_2O가 생긴다'고 표현해도 아무런 오류가 없게 된다.

그럼 질량 계산하기가 아주 편해진다. 우리의 머리에 와 닿는 좀 더 큰 수로 계산할 수 있기 때문이다. 그리고 이것은 위 반응뿐만 아니라 어떤 반응에서도 적용된다.

다음 반응의 경우를 보자.

$$H_2SO_4 + 2KOH \rightarrow K_2SO_4 + 2H_2O$$

위 반응의 경우 H_2SO_4 1몰과 KOH 2몰이 반응하여 1몰의 K_2SO_4와 2몰의 H_2O가 생긴다. 따라서 반응하는 H_2SO_4와 NaOH의 질량비는 98.0(H_2SO_4의 화학식량) : 80.0($2 \times 40.0 - NaOH$)이다. 2몰일 경우 ×2만 해 주면 되는 것이다. 이처럼 화학 반응식을 통해 반응하는 질량을 비교할 때, 몰 개념을 적용하면 아주 쉽게 이해할 수가 있게 된다.

> **화학 반응식 꾸미기**
>
> ① 반응 물질은 왼쪽에 생성 물질은 오른쪽에 정리함 : 수소 + 염소 → 염화수소
> ② 반응 물질과 생성 물질을 화학식으로 나타냄 : $H_2 + Cl_2 →$ HCl
> ③ 반응 전·후의 원자수가 같아지도록 계수를 맞춤 : $H_2 + Cl_2 →$ 2HCl

기체끼리의 화학 반응식을 조심하라!

몰이 화학 반응식에서 그 영향력을 유감없이 발휘하는 것을 보았다. 그런데 몰은 특히 기체끼리의 화학 반응식에서는 좀 더 큰 힘을 발휘한다.

앞에서 아보가드로의 법칙을 이야기했는데, 아보가드로의 법칙은 기체끼리의 반응에서 유효한 법칙이다. 다음 기체끼리의 화학 반응식을 보도록 하자.

$$질소(N_2) + 수소(3H_2) → 암모니아(2NH_3)$$

우리는 앞에서 이미 화학 반응식에서 몰 단위가 적용되는 것을 보았기 때문에, 이 반응식에서도 그것을 쉽게 떠올릴 수가 있다. 즉, 질소 1몰은 수소 3몰과 반응하여 암모니아 2몰을 생성한다. 이것으로 질량비의 정보를 쉽게 알 수 있다. 그러나 기체끼리의 반응에서는 아보가드로의 법칙이 적용되므로 새로운 정보를 하나 더 알 수 있게 된다.

그 새로운 정보는 부피에 관한 정보다. 즉, 모든 기체는 종류에 관계없이 0℃, 1기압에서 1몰당 22.4L라는 부피가 정해져 있으므로, 몰비 = 부피비라는 등식이 성립하게 된다. 위의 화학 반응식에서 반응 몰비인 질소 : 수소 : 암모니아 = 1 : 3 : 2가 곧 부피비도 된다는 뜻이다. 따라서 질소 1부피와 수소 3부피가 반응하면 암모니아 2부피가 생성된다.

수소와 산소가 반응하여 수증기가 생성되는 다음 반응을 보자.

$$수소(2H_2) + 산소(O_2) \rightarrow 수증기(2H_2O)$$

위 반응 역시 수소 : 산소 : 수증기의 반응 부피비는 2 : 1 : 2로 일정하게 된다. 이를 그림 모형으로 나타내면 다음과 같다.

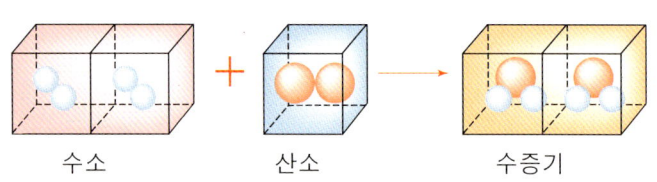

수소   산소   수증기

기체 반응의 법칙

1806년, 게이 뤼삭은 온도와 압력이 일정할 때, 반응하는 기체와 생성되는 기체의 부피 사이에는 간단한 정수비가 성립한다는 기체 반응의 법칙을 발견해 냈다.

몰(mol)이 가르쳐 주는 것

이제 실제적으로 몰이 사용되는 경우를 알아보도록 하자.

우리는 공기가 우리를 둘러싸고 있다는 사실을 알고 있지만, 그 존재가 눈에 보이지 않으므로 잘 느끼지 못하고 살아간다. 그러나 몰 개념을 이용하면 그 존재감을 조금이나마 느낄 수 있다. 아보가드로의 법칙에 따르면 어떤 기체든지 1몰이 모이면 그 부피는 0℃, 1기압(1013hPa)에서 22.4L가 된다. 이것은 수소나 산소나 이산화탄소나 마찬가지이다.

이제 공기 중의 수소 기체를 22.4L짜리 병에 담았다고 가정해 보자. 그럼 이제 우리는 몰을 이용하여 이 병으로 들어온 수소 기체의 질량을 알아낼 수 있게 된다. 이 수소 기체의 부피가 22.4L이므로 1몰에 해당하고, 따라서 수소 분자의 분자량이 곧 이 22.4L의 질량이 된다. 즉, 이 페트병 속의 수소 기체의 질량은 2g이라는 사실을 실제로 달아 보지 않고도 알 수 있게 되는 것이다.

몰을 이용하여 농도를 나타낸다

용액은 농도로 나타내야 편리하다

용액이란 소금물이나 설탕물 같은 것을 말한다. 즉, 순수한 물질이 아니라 혼합물에 해당하는 것으로, 앞에서 물질의 종류를 다룰 때 잠깐 등장했었다. 그런데 용액은 이러한 혼합물 중에서도 균일한 혼합물에 해당한다. 다시 말해 용액은 용매라는 물질(주로 액체) 속에 용질이라는 물질(주로 고체)이 균일하게 녹아 있는 상태를 말한다.

$$용질 + 용매 \underset{석출}{\overset{용해}{\rightleftarrows}} 용액$$
$$(설탕) \quad (물) \qquad\qquad (설탕물)$$

용액의 종류

① **기체 용액** : 반응성이 없는 기체나 증기들이 일정 비율로 균일하게 섞여 있는 것 (공기)
② **액체 용액** : 기체, 액체 또는 고체를 액체에 용해시켜 만든다(바닷물, 석유)
③ **고체 용액** : 여러 가지 합금 등(놋쇠)

따라서 이 경우 두 물질이 섞여 있기 때문에 용액의 진하기를 나타내는 새로운 단위가 필요하게 된다. 이러한 이유로 화학자들은 농도라는 것을 만들게 되었다.

용해와 용액

① **용해** : 용매에 용질이 골고루 섞이는 현상
② **용매** : 용질을 녹여 용매를 만드는 물질(액체끼리의 용해인 경우는 양이 많은 물질)
③ **용질** : 용매에 용해되어 용액을 만드는 물질(액체끼리의 용해인 경우 양이 적은 물질)
④ **용액** : 용해에 의해 생긴 균일한 혼합물
  ex) 수용액(용매가 물), 알코올 용액(용매가 알코올), 벤젠 용액(용매가 벤젠)

퍼센트(%) 농도

화학에서 대표적으로 사용하는 농도에는 퍼센트(%) 농도와 몰 농도가 있다. 이 중 화학에서 가장 먼저 배우는 농도가 바로 퍼센트 농도이다. 이것은 용액 전체의 질량 중에서 용질이 차지하고 있는 질량의 백분율이 얼마인가를 나타내는 단위라고 보면 된다. 퍼센트 농도를 나타내는 식은 다음과 같다.

$$\% \text{ 농도} = \frac{\text{용질의 질량}}{\text{용액의 질량}} \times 100 = \frac{\text{용질의 질량}}{\text{용매의 질량} + \text{용질의 질량}} \times 100$$

예를 들어 소금물 100g에 소금이 10g 들어 있는 용액의 퍼센트 농도는 10%(10/100×100)이다. 만약 소금이 20g 들어 있다면 20%가 된다.

퍼센트 농도와 ppm 농도

① **퍼센트 농도(%)** : 용액 100g 중에 녹아 있는 용질의 질량을 백분율로 나타낸 것
② **ppm(parts per million) 농도** : 1ppm은 1/1,000,0000이다. 아주 작은 농도를 다룰 때 주로 사용한다. .

화학에서는 몰 농도가 가장 중요하다

보통은 그냥 퍼센트 농도만 알고 있어도 별 문제가 없지만, 우리가 화학을 제대로 배우고자 마음먹었을 때부터는 반드시 몰 농도를 알아야 한다.

왜냐하면 실험실의 시약 등은 거의 몰 농도로 표시되어 있고, 또 실제 실험에서도 몰 농도를 사용하기 때문이다.

몰 농도란 용액 1L 중에 몇 몰의 용질이 녹아 있는지를 나타내는 농도의 한 종류다.

따라서 단위로는 mol/L로 나타낸다. 예를 들어 소금물 1L 속에 들어 있는 소금의 양이 58.44g(NaCl의 화학식량)이라면 이 소금물의 몰 농도는 1mol/L이다.

그리고 만약 소금의 양이 29.22g이라면 이 소금물의 몰 농도는 0.5mol/L이다.

$$몰\ 농도(mol/L) = \frac{용질의\ 물질량(mol)}{용액의\ 부피(l)}$$

그런데 왜 화학에서는 그냥 편하게 퍼센트 농도를 사용하지 꼭 몰 농도를 고집하는 걸까?

몰 농도가 중요한 이유

화학에서 몰 농도를 이용하는 것은 여러 가지 점에서 편리하기 때문이다.

일단 물질의 정확한 양을 구하기가 쉬워진다. 위 몰 농도를 구하는 식을 이용하여 다음과 같은 식을 유도해 낼 수 있다.

> 용질의 물질량(mol) = 몰 농도(mol/L) × 용액의 부피(L)

즉, 어떤 용액이 있을 때 그 용액의 몰 농도와 부피만 알 수 있으면 그 용액 속에 들어 있는 용질의 몰수를 알 수 있으니 정량적인 계산이 필요한 화학에서는 아주 유용하게 쓰일 수 있다.

또한 화학 반응의 경우 화학 반응식으로 많이 나타내게 되는데, 이때 반응 계수비가 바로 몰수비를 나타낸다. 이때도 단순한 그램수를 알아내는 것보다 몰수를 알아내면 훨씬 유용하게 이용할 수 있게 된다.

이처럼 화학에서는 어떤 물질의 양을 몰로 구할 수가 있다면 이해하기 아주 쉬워지기 때문에 몰 농도가 아주 중요한 것이다.

그런데 이러한 몰 농도의 경우 용액의 부피를 사용하기 때문에 문제가 발생할 때가 있다.

왜냐하면 용액의 경우 온도가 올라가면 부피도 커지기 때문이다. 이때를 대비해서 몰랄 농도라는 것을 사용하기도 한다.

몰랄 농도

몰랄 농도 = 용질의 몰수(mol)/용매의 질량(kg) (단위 : mol/kg)

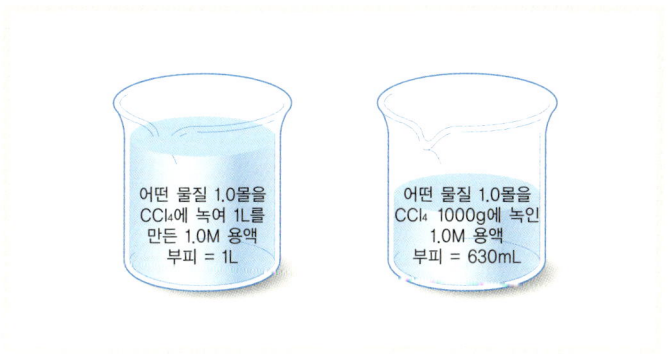

▲ 용매가 CCl_4일 때 1.00몰 농도와 1.00 몰랄 농도 용액 간의 차이

NaCl 1몰 농도 표준 용액 만들기

화학 실험실에서는 표준 용액을 만들 때 몰 농도를 이용하는데, 다음에 1mol/L의 소금물 표준 용액을 만드는 방법을 소개한다.

1. 비커에 NaCl을 넣고 저울로 58.44g을 잰다.
2. 비커의 반 정도 차게 물을 넣어서 녹인다.
3. 깔때기를 이용하여 비커의 소금물을 1L들이 플라스크에 옮겨 넣는다.
4. 플라스크 벽과 깔때기에 묻어 있는 NaCl 용액을 세척병으로 씻는다.
5. 80% 정도 물이 채워졌으면 흔들어 잘 섞는다.
6. 물을 채워서 눈금선에 일치시킨다.

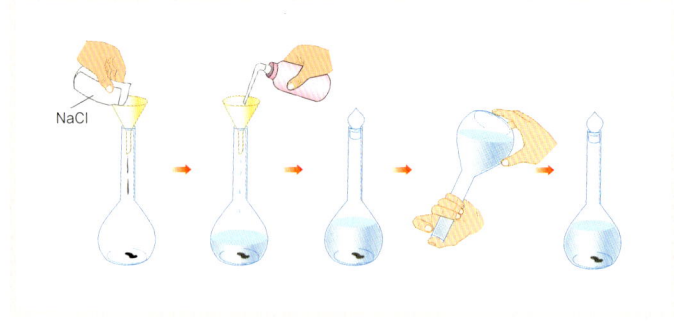

과거의 과학자들은 효소를 몰랐기 때문에 탄소 화합물을 인공적으로 만들 수가 없었다. 독일의 화학자 뵐러가 처음으로 무기 화합물에서 탄소 화합물을 합성해냈는데 탄소의 공유 결합으로 만들어진 탄소 화합물은 열에 약하고 녹는점이 낮다. 또한 모두 공통적인 작용기를 갖고 있는데 작용기에 따라 서로 비슷한 성질을 보인다. 이 장에서 생물의 보물창고인 탄소 화합물에 대해서 자세히 설명하고 있다.

탄소 화합물
– 유기 화합물

합성하기 어려웠던 유기 화합물

우리는 앞에서 유기 화합물이 생명과 관계된 화합물이라고 이야기했다. 그런데 과거에 이러한 유기 화합물은 절대 인공적으로는 합성할 수 없는 물질이라고 여겨진 적이 있었다.

유기 화합물은 왜 인공적으로 합성하기 힘들었을까? 그 이유에 대한 해답은 생물체 내에 있는 효소가 가지고 있었다. 즉, 유기 화합물은 생물체 내에서 효소가 촉매로 작용함으로써 만들어진다. 그런데 과거의 과학자들은 이 효소의 존재를 몰랐기 때문에, 이 효소 없이 유기 화합물을 인공적으로 만드는 조건을 만들기가 쉽지 않았던 것이다.

유기 화합물 = 탄소 화합물

이렇게 생명체와 관계된 유기 화합물은 말 그대로 무기 화합물과 대치되는 화합물로 쭉 사용되어 왔다. 그러나 독일의 화학자 뵐러가 무기 화합물인 시안산암모늄(NH_4CNO)으로부터 유기 화합물인 요소를 합성한 이후부터 무기 화합물과 유기 화합물의 구분이 아무 의미가 없게 되었다. 따라서 지금은 유기 화합물이란 말보다 탄소 화합물이란 말을 더 많이 사용한다. 그래서 앞으로 다루게 될 모든 유기 화합물을 탄소 화합물이라고 부르겠다.

현대 탄소 화합물의 정확한 뜻은 '분자 내에 탄소를 포함하고 있으며, 수소, 산소, 기타 몇 가지 원소와 결합한 화합물'이다. 단, 이산화탄소(CO_2)와 같은 탄산염이나 탄소의 염화물 등은 예외이다.

탄소 화합물이 신기한 것은 단 몇 종의 원소의 조합으로 무궁무진한 탄소 화합물들을 만들어 낸다는 것이다. 그래서 현대 과학에서 탄소 화합물은 화학뿐만 아니라 생명과학, 의학 등과도 밀접한 관계를

> **NaCl 1몰 농도 표준 용액 만들기**
>
> 1. **촉매**
>   자신은 변하지 않으면서 반응을 변화를 촉진시키는 물질
> 2. **유기 화합물의 촉매 반응**
>   유기 화합물의 반응은 일반적으로 반응 속도가 매우 느리지만, 생체 내에는 촉매 역할을 하는 효소가 많이 있기 때문에 반응을 쉽게 일으킨다.

가지며 매우 중요한 위치를 차지하고 있다.

다음 표에서도 보듯이 20~30만 종에 불과한 무기 화합물에 비해 1,000만 종 이상인 탄소 화합물은 그 수에 있어서도 중요하지만, 단 몇 개의 원소 조합으로 이루어진다는 사실 또한 매우 흥미롭다.

탄소 화합물은 탄소의 공유 결합으로 만들어진 분자간의 결합으로 이루어진 물질이기 때문에 결합력이 약하여 열에 약하고 녹는점 또한 낮다는 특징을 가지고 있다.

▼ 탄소 화합물과 무기 화합물

	탄소 화합물	무기 화합물
구성 원소	C, H, O, N, P, S 등 몇 개 원소	110여 종
종류	1,000만 종 이상	20~30만 종 정도
열에 대한 안정성	불안정, 녹는점이 낮다	안정, 녹는점이 높다
용해성	물에 잘 녹지 않고 유기 용매(기름 등)에 잘 녹는다.	물에 잘 녹는 것이 많으며, 유기 용매에는 잘 안 녹는다

02 비주얼 교양 화학

분류가 필요해
– 탄소 화합물의 분류

화합물의 분류법

탄소 화합물은 단 몇 개의 원소를 조합함으로써 수없이 많은 화합물을 만들어 내며, 종류가 너무 다양하기 때문에 이를 체계적으로 분류하지 않으면 헷갈리기 쉽다. 다행히 탄소 화합물은 상당히 체계를 갖추며 다양한 화합물을 만들어 내기 때문에 분류하기가 쉽다.

탄소 화합물의 분류법은 크게 나눠서 두 가지다. 하나는 탄소 화합물의 중심 원소인 탄소 원자의 결합에 따른 분류다. 이 분류는 주로 끓는점, 녹는점, 용해성 등 물질의 물리적인 성질을 판단할 때 커다란 도움이 된다.

또 하나의 분류법은 작용기에 의한 분류다. 작용기란 독특한 화학적 성질을 나타내는 데 기여하는 원자 집단을 말한다. 예를 들어 –

OH기가 분자식에 붙어 있는 경우 이 물질들은 대부분 알코올의 성질을 나타낸다. 따라서 이러한 작용기에 의한 분류는 물질의 화학적 성질을 판단하는 데 큰 도움을 준다.

먼저 탄소 결합에 따른 분류법을 알아보도록 하자.

완전 포화된 단일 결합 탄화수소

탄소 화합물은 탄소끼리의 결합을 기본 골격으로 하여 가지를 쳐 나가는 구조로 이루어진다. 이때 탄소 원자의 기본 골격의 차이로 그 종류가 나뉜다. 가장 기본적인 탄화수소 즉, 탄소와 수소로 이루어진 화합물의 분자 구조를 그림으로 보도록 하자.

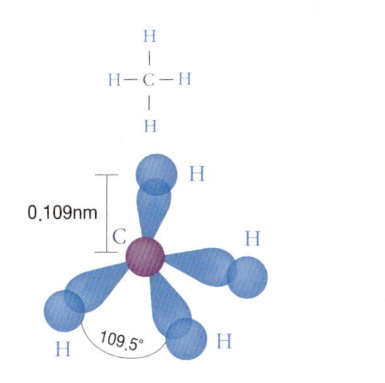

이 그림은 가장 간단한 탄화수소인 메탄의 분자 구조식과 분자 구

조의 결합 모습이다. 메탄은 중심의 탄소 원자에 4개의 수소 원자가 4개의 공유 전자쌍을 가지고 공유 결합하여 만들어진다.

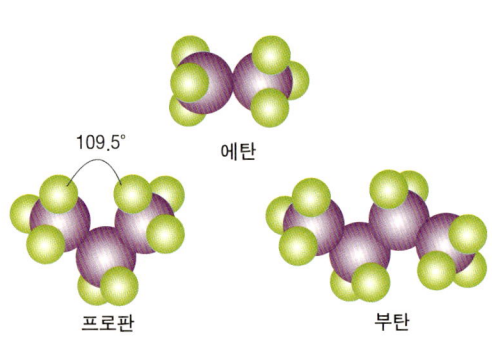

109.5°
에탄
프로판
부탄

한편 탄소 원자 2개가 결합한 에탄, 탄소 원자 3개가 결합한 프로판, 탄소 원자 4개가 결합한 부탄도 있다(그림 참조). 이렇게 탄소 원자의 수가 늘어감에 따라 사슬이 길어지는 탄화수소가 계속 만들어지는데, 이러한 탄화수소를 알칸이라고 한다.

또한, 다음 그림과 같이 탄소-탄소 결합이 고리 모양을 이루고 있는 탄화수소도 있다.

지금까지 다룬 탄소-탄소 결합이 단일 결합으로 이루어진 화합물을 통틀어 포화 탄화수소라고 부른다.

 구조식

구조식은 원자의 결합 상태를 결합선을 이용하여 나타낸 것이다. 예를 들어 H_2O의 경우 구조식은 H-O-H이다.

우린 아직 불포화 상태

이제 다음 그림을 보도록 하자. 우리는 지금까지 보지 못했던 새로운 결합선을 보게 된다. 즉, 에텐(에틸렌)의 경우 이중 결합을 가지고 있으며, 에틴(아세틸렌)의 경우 삼중 결합을 가지고 있다.

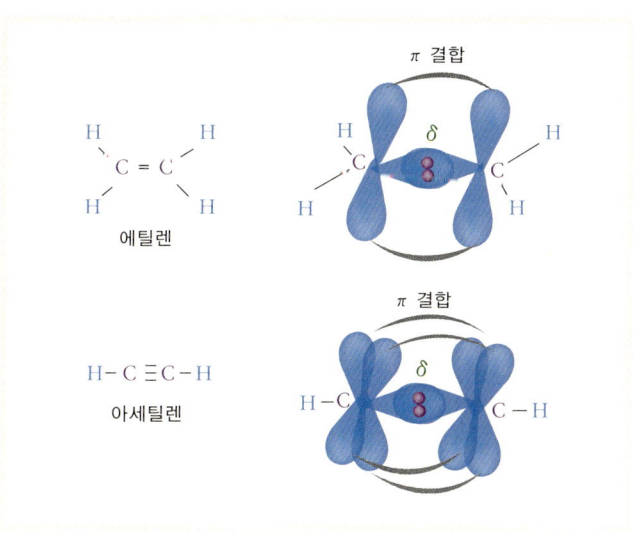

이러한 이중 결합이나 삼중 결합이 생기는 이유는 탄소-탄소 원자 사이에 좀 더 복잡한 오비탈의 겹침이 이뤄지기 때문이다. 이때

탄화수소들은 오비탈을 이중, 삼중 결합을 만드는 데 써 버리기 때문에 수소를 받아들일 오비탈이 없어 그만큼 감소된 수의 수소와 만나 결합을 이루게 된다.

이와 같이 탄소 - 탄소 원자 사이의 결합에 이중이나 삼중 결합이 존재하는 탄화수소를 불포화 탄화수소라고 한다.

방향을 잡아라! - 방향족 탄화수소

이제 좀 독특한 결합을 하는 물질을 알아보자. 그것은 다름 아닌 벤젠이다. 다음 벤젠의 구조 그림을 보면서 이야기하도록 하자.

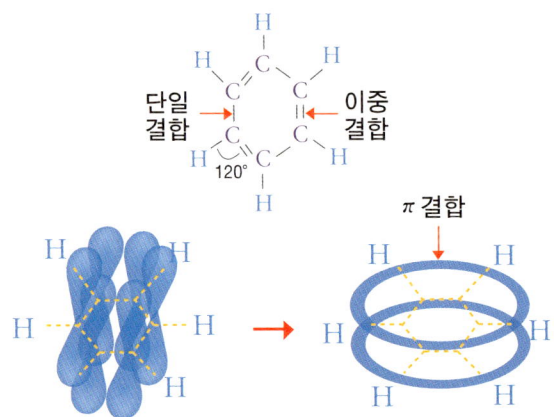

벤젠은 6개의 탄소 원자가 고리 모양 구조를 하고 있다. 시클로헥산과 비슷하지만, 이중 결합이 하나씩 건너뛰어 3개가 존재하는 것이 다르다. 그런데 이 이중 결합은 한 곳에 고정되어 있는 것이 아니라 고리 전체에 퍼져 있다. 즉, 실제적인 탄소-탄소 결합은 1.5중 결합이 되는 셈이다. 그래서 이것을 벤젠고리(방향족 고리)라고 부르며, 이 때문에 벤젠은 특유의 성질을 나타낸다. 이처럼 벤젠고리를 가지고 있는 탄화수소를 방향족 탄화수소라고 부른다. 방향족 탄화수소에는 벤젠 외에도 톨루엔 등이 있다.

이와 같이 탄화수소는 크게 벤젠 고리를 가지지 않은 지방족 탄화수소와 벤젠 고리를 가진 방향족 탄화수소 두 가지로 나눌 수 있다.

지방족은 석유, 방향족은 석탄

석유와 석탄은 모두 생물의 사체가 오랜 세월에 걸쳐서 변화한 것이다. 석유는 미생물의 사체 등이 오랜 세월에 걸쳐서 변화한 것으로 여겨지며, 지방족 탄소 화합물이 많이 들어 있다. 반면에 석탄은 태고의 식물이 오랜 세월에 걸쳐서 변화된 것으로, 방향족 탄소 화합물이 더 많이 들어 있다.

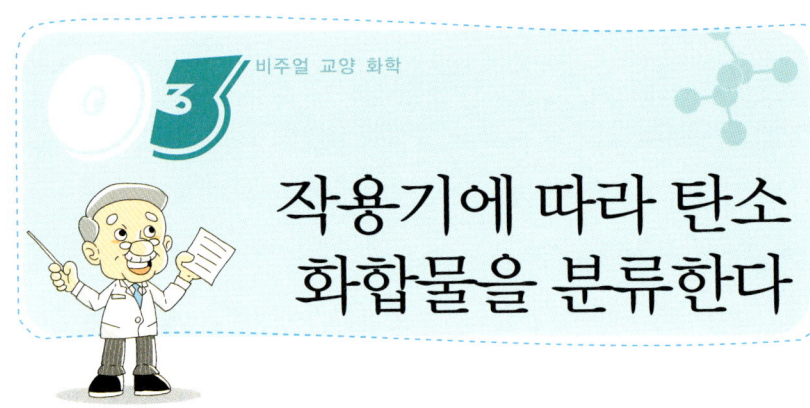

화학적 성질이 비슷하다

너무나 다양한 탄소 화합물이지만 사실은 비슷한 성질을 나타내는 것들이 많다. 어떤 그룹의 탄화수소들은 단체로 산성을 나타내는가 하면, 또 어떤 그룹의 탄화수소들은 단체로 과일 향기를 내기도 한다. 그런데 공통적인 성질을 나타내는 탄소 화합물들을 자세히 살펴보았더니, 모두 공통적인 작용기를 가지고 있는 것이 발견되었다.

따라서 작용기 위주로 탄소 화합물을 분류하게 되면 또 하나의 훌륭한 탄소 화합물의 분류가 될 수 있다.

작용기에 따른 탄소 화합물의 분류

탄소 화합물이 작용기에 따라 서로 비슷한 성질을 나타내는 이유는 탄소 화합물이 화학 반응을 일으킬 때, 바로 작용기가 중심이 되어 반응을 일으키기 때문이다. 그러면 작용기란 도대체 무엇일까?

예를 들어 설명하는 것이 이해가 빠를 것 같다. 분자 내에 −COOH와 같은 원자단을 가진 분자는 금속과 반응하여 수소를 발생시키는 등 산의 성질을 나타낸다. 이 −COOH기를 화학자들은 작용기의 하나로 정해 놓고 '카르복시기'라고 부른다. 또한 분자 내에 −COO−기를 가진 물질들은 하나 같이 과일 향기를 낸다. 화학자들은 이 −COO−기 역시 작용기로 정해 놓고 '에스테르기'라고 부른다. 이와 같이 공통된 화학 반응을 일으키는 원자 또는 원자단을 작용기(functional group)라고 한다.

유기 화학자들은 이러한 작용기를 알고 있기 때문에, 어떤 미지 물질의 성질을 알게 되면 어떤 작용기가 이 물질 속에 들어 있는지 예측할 수 있다.

그러면 탄소 화합물에는 어떤 작용기들이 있을까? 다음 표에 각 작용기의 명칭과 특징을 나타내었으니 참고하기 바란다.

일반명	작용기의 명칭	주요 특징
알코올(ROH)	히드록시기	나트륨과 반응하여 수소 발생, 술
알데히드(RCHO)	포르밀기	환원성이 강하다. 은거울 반응을 한다.
카르복시산(RCOOH)	카르복시기	산성
에테르(ROR)	에테르기	중성, 물과 섞이지 않는다.
케톤(RCOR)	카르보닐기	중성, 물과 잘 섞인다.
에스테르(RCOOR)	에스테르기	과일 향기를 낸다. 비누화 반응을 한다.

※ R은 작용기와 결합한 탄소 화합물의 나머지 부분을 말함.

그리고 다음에 각 작용기의 구조식을 나타내었으니 참고하기 바란다.

작용기	일반형	화합물의 예		작용기	일반형	화합물의 예
OH	하이드록시기 알코올 페놀	C_3H_5OH 에탄올 C_6H_5OH 페놀		$\overset{O}{\underset{\|}{C}}$	포르밀기 알데히드	$CH_3-\overset{O}{\underset{\|}{C}}-H$ 아세트알데히드
$\overset{O}{\underset{\|}{C}}$	카르보닐기 케톤	CH_3-C-CH_3 아세톤		$\overset{O}{\underset{\|}{C}}-OH$	카르복시기 카복실산	$CH_3-\overset{O}{\underset{\|}{C}}-OH$ 아세트산
C-O-C	에테르기 에테르	$C_2H_5OC_2H_5$ 디에틸에테르		NH_2	에스테르기 아민	$C_6H_5NH_2$ 아닐린

🔵 불포화 결합

이중 결합이나 삼중 결합을 가지는 탄화수소는 또 다시 수소를 첨가할 수 있기 때문에, 아직 포화되지 않았다는 뜻을 담아서 불포화 탄화수소라고 한다. 또 이중 결합이나 삼중 결합을 불포화 결합이라고 한다.

4 탄소 화합물을 어떻게 부를 것인가!

비주얼 교양 화학

이름이 다 다르다

세상에 수십 억의 사람이 살고 있고 우리나라에만도 수천만 명의 사람이 살고 있다. 이렇게 많은 사람이 살다 보니 그중에는 같은 이름을 가진 사람도 있다. 사람의 이름이 겹치는 이유는 이름을 정할 때 일정한 규칙을 정해 놓지 않았기 때문이다. 그러나 천만 개에 달하는 탄소 화합물 중에는 겹치는 이름은 없다. 왜냐하면 이들의 이름을 정할 때 일정한 규칙을 정해 놓았기 때문이다. 이러한 규칙을 정하는 국제적인 기관이 국제순수 및 응용화학연맹(International Union of Pure and Applied Chemistry, IUPAC)이라는 곳이다. 이곳은 국제적으로 화합물의 명칭을 통제하는 곳으로, 몇 가지 화합물의 명명법을 정해 놓고 있다. 따라서 탄소 화합물에서는 겹치는 이름이 없는 것이다.

칸, 켄, 킨!

탄소 화합물의 명명법에는 영어가 사용된다. 또한 탄소 화합물에 이름을 붙일 때는 단일 결합 탄화수소인 '알칸(alkane)'을 기준으로 하여 조금씩 변화시켜 이중 결합 탄화수소를 '알켄(alkene)'이라고 하고, 삼중 결합 탄화수소를 '알킨(alkyne)'이라고 한다.

먼저 알칸부터 알아보도록 하자. 알칸은 이름의 끝에 -ane이 공통적으로 붙는다. 따라서 탄소가 1개일 때 '메탄'이라 하며 탄소의 개수가 늘어갈 때마다 접두어만 바뀌면서 변하게 된다. 또한 알켄의 경우 이름의 끝에 -ene, 알킨의 경우 이름의 끝에 -yne이 공통적으로 붙는다.

탄소수	알칸(alkane)	알켄(alkene)	알킨(alkyne)
1	methane(메탄)	methene(메텐)	methyne(메틴)
2	ethane(에탄)	ethene(에텐)	ethyne(에틴)
3	propane(프로판)	propene(프로펜)	propyne(프로핀)
4	butane(부탄)	butene(부텐)	butyne(부틴)
5	pentane(펜탄)	pentene(펜텐)	pentyne(펜틴)
6	hexane(헥산)	hexene(헥센)	hexyne(헥신)
7	heptane(헵탄)	heptene(헵텐)	heptyne(헵틴)
8	octane(옥탄)	octene(옥텐)	octyne(옥틴)
9	nonane(노난)	nonene(노넨)	nonyne(노닌)
10	decane(데칸)	decene(데켄)	decyne(데킨)

탄소 화합물의 반응과 이성질체

치환하고, 첨가하고

탄소 화합물들은 결합 구조상의 특징 때문에 특유의 반응들을 일으킨다.

우선 단일 결합 물질인 알칸의 경우 치환 반응을 잘 일으킨다. 치환 반응이란 어떤 원자가 다른 원자와 서로 바뀌는 반응이다. 예를 들어 메탄(CH_4)에 염소(Cl_2)를 반응시키고 자외선을 비추면 수소가 염소 원자로 바뀌어(치환되어) 디클로로메탄(CH_2Cl_2)이 된다.

단일 결합인 알칸이 치환 반응을 잘 일으키는 반면에 이중 결합을 하고 있는 알켄의 경우 첨가 반응이 더 우세하게 일어난다. 첨가 반응이란 이중 결합을 끊고 다른 원자가 더 첨가되는 반응이다. 예를 들어 다음과 같이 에텐(C_2H_4)에 브롬(Br_2)을 반응시키면, 이중 결합이 끊어지고 브롬 원자가 첨가되면서 디브로모에탄($C_2H_4Br_2$)이 된다.

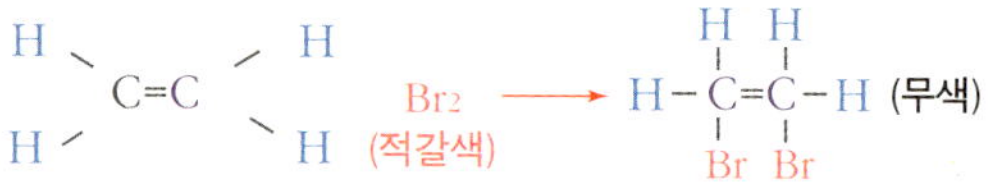

$$H_2C=CH_2 + Br_2 \text{(적갈색)} \longrightarrow H-\underset{Br}{\underset{|}{C}}-\underset{Br}{\underset{|}{C}}-H \text{ (무색)}$$

축합 반응 / 가수분해 반응

1. 축합 반응

2개 이상의 분자가 물 등의 간단한 분자를 떼어 내고 결합하는 반응. 물이 없어지는 경우는 탈수축합 반응이라고 한다.

2. 가수분해 반응

어떤 분자에 물이 더해져서 2분자 이상의 분자로 분해하는 반응

한 몸 두 얼굴

앞에서 나왔던 탄소 화합물 중 부탄의 경우를 다시 한 번 보도록 하자. 부탄의 경우 골격을 이루는 탄소 원자의 결합 구조에 따라 다음 그림과 같이 두 가지로 나타낼 수 있다. 이 두 물질은 분명히 모두 부탄이다. 그런데 이들은 같은 부탄이면서도 다른 성질을 나타낸다. 그래서 두 물질의 이름을 n-부탄과 iso-부탄으로 구분하여 부르며, 둘이 '이성질체 관계에 있다' 고 한다.

부탄(C_4H_{10})

n-부탄 : $CH_3 - CH_2 - CH_2 - CH_3$

iso-부탄 : $CH_3 - \underset{\underset{CH_3}{|}}{CH} - CH_3$

 이성질체의 다른 예는 우리가 마시는 술의 주성분은 에탄올(C_2H_5OH)이다. 에탄올도 탄소 원자의 결합 배열을 다르게 하면 에탄올과 같은 분자식이면서 탄소의 결합 구조의 차이에 따라 새로 생긴 물질이 만들어진다. 이것이 바로 디메틸에테르(C_2H_6O)다. 에탄올과 디메틸에테르는 다음 표와 같이 전혀 다른 성질을 나타낸다.

에탄올

디메틸에테르

명칭	에탄올	디메틸에테르
화학식	C_2H_5OH	CH_3OCH_3
끓는점	78℃	-25℃
물에 대한 용해성	아주 잘 녹는다	거의 녹지 않는다

 이와 같이, 분자를 구성하는 원자의 종류와 수가 완전히 똑같더라

도, 결합 구조에 따라 성질이 다른 물질들을 이성질체라고 부른다.

 이성질체

분자식은 같지만 배치된 방식에 따라 그 구조물이 다른 화합물을 말한다. 크게 구조이성질체와 입체이성질체로 나눈다.

오른손과 왼손의 모양이 다를까?

이러한 이성질체에는 위의 경우와 같이 원자가 결합하는 순서가 다른 이성질체가 있는 반면, 입체적인 구조가 달라 이성질체의 관계를 만드는 것도 있다. 다음 그림을 보도록 하자.

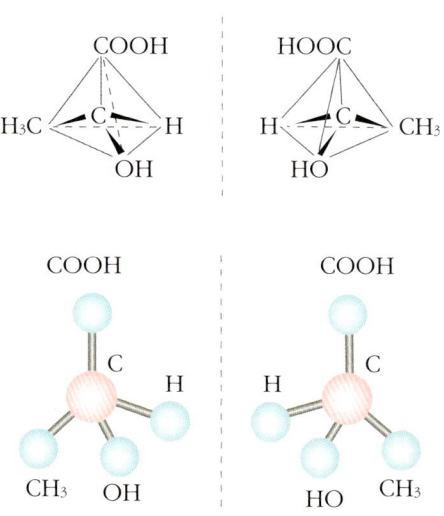

▲ 락트산의 분자 구조식

위의 분자 구조식은 우리가 마시는 요구르트 속에 들어 있는 유산균을 만드는 락트산(젖산)($C_3H_6O_3$)의 분자 구조식이다.

그런데 가운데 경계선을 중심으로 좌우로 나누어진 두 물질은 같은 물질이 아니다. 쉽게 이해가 되지 않는다면, 오른손과 왼손을 예로 들어보자.

오른손과 왼손은 같은 모양일까? 두 손을 서로 마주치면 같은 모양인 것처럼 보인다.

그러나 실제로 같은 모양인지 알아보려면 두 손을 마주치는 것이 아니라, 서로 같은 방향으로 겹치게 해야 한다. 이제 오른손과 왼손의 차이를 알게 됐을 것이다. 이 둘은 절대 한 모양으로 겹쳐지지 않는다.

위의 락트산의 경우도 이와 같다. 즉, 기운데 경계선을 사이에 두고 좌우로 나뉜 두 물질은 같은 물질인 것처럼 보이지만 실제로 겹쳐 보면 완전히 다른 물질임을 알 수 있다.

이렇게 입체적인 구조의 차이로 구분되는 이성질체의 경우 화학적 성질에서는 거의 구별이 되지 않는다.

그러나 생체 내에서는 이야기가 완전히 달라진다. 왜냐하면 생체 내 반응은 효소라는 촉매가 관여하기 때문이다.

따라서 이러한 종류의 이성질체는 생체 내에서 많이 찾아볼 수 있는데, 단백질을 이루고 있는 아미노산의 경우, 대부분 이러한 이성질체로 존재한다.

광학 이성질체

락트산에는 녹는점이나 화학 반응성 등은 완전히 똑같지만, 서로 거울에 비춘 것 같은 구조를 가지고 있으면서 광학적인 성질이 다른 두 종류의 분자가 있다. 이것을 광학 이성질체라고 부른다(L-유산과 D-유산).

조금이라도 우리 주변을 둘러보면 우리는 탄소 화합물과 떼려야 뗄 수 없는 관계에 있다는 사실을 금방 알 수 있다. 아침에 일어나자 마자 음식을 조리하기 위해 사용하는 도시가스, 우리가 움직일 때 연료로 꼭 필요한 휘발유, 경유, LPG, 그리고 하루 세 끼와 간식 때 먹는 음식 등 이 모든 것들이 탄소 화합물로 이루어져 있다. 즉, 탄소 화합물을 모르고는 감히 화학을 안다고 말할 수 없는 상황인 셈이다. 이 장에서는 이러한 탄소 화합물의 기초에 대해 이야기 하고 있다.

비주얼 교양 화학

연료로 쓰이는 탄소 화합물

가장 간단한 탄소 화합물 – 도시가스

요즘은 각 가정마다 도시가스(Liquefied Natural Gas : LNG)가 주 연료로 이용되고 있다. 그래서 생활이 엄청나게 편리해졌다. 그런데 이 도시가스에 가장 기본적인 탄소 화합물이 들어 있다는 사실을 아는 사람은 아주 드문 것 같다.

도시가스를 태우면 불꽃을 내고 열이 발생하면서 이산화탄소와 수증기가 발생한다. 그런데 어떤 물질을 태웠을 때 물과 이산화탄소가 발생하는 것은 탄소 화합물의 대표적인 특징이다.

도시가스의 주성분은 메탄(CH_4)이다. 메탄은 앞에서 탄소 화합물을 소개할 때 '알칸'에 해당하는 것으로, 가장 간단한 알칸이다. 메탄은 주로 사람의 방귀나 소의 트림 등에 포함되어 있으며, 상온에서 기체이며 불이 붙기 쉽다.

탄소 화합물을 달고 다니는 자동차

이미 우리 생활의 필수품이 되어 버린 자동차의 연료로는 휘발유, 경유, LPG 등이 있다. 이 중 LPG(Liquefied petroleum Gas)는 천연가스와 어떻게 다른지 알아보도록 하자. LPG의 주성분은 프로판(C_3H_8)과 부탄(C_4H_{10})이다.

우리는 직감적으로 LPG가 천연가스보다 더 무겁다는 것을 알 수 있는데 벌써 분자식에서 무게가 느껴지기 때문이다. 실제로 천연가스는 공기보다 가볍고 LPG는 공기보다 무겁다.

또한 LPG의 주성분인 부탄(C_4H_{10})은 끓는점이 -0.5℃이며, 상온에서 압력을 조금 가하면 액체가 된다. 이런 성질 때문에 LPG는 액체로 만든 연료를 통에 담아 우리 생활에 많이 사용하고 있다. 대표적인 것이 LPG 자동차다. LPG 자동차에는 LPG 연료통이 있으며 LPG 주유소에 가야만 연료를 주입할 수 있다. 이때 LPG 통 내부에서 계속 압력이 유지되기 때문에 액체 LPG 상태로 이동이 가능한 것이다. 이러한 LPG

▲ LPG 가스통

는 통에 담아 사용이 가능하기 때문에 주로 포장마차 같은 데서 연탄 대신 사용하거나 일회용 라이터 등에 사용한다.

그런데 천연가스와 LPG는 어떻게 얻어지는 것일까?

생물체로부터 얻어진다

과거 생물의 유해가 아주 오랜 기간 동안 땅속에 묻혀서 분해되고 어떤 작용을 거치면(어떤 작용인지 정확히 밝혀지지는 않음) 석유, 천연가스 등이 만들어진다. 이것이 어느 날 인간에게 발견되어 생활의 연료로 사용되고 있는 것이다. 일반적으로 천연가스만 매장되어 있는 경우도 있지만, 다음 그림과 같이 천연가스와 석유가 동시에 매장되어 있는 경우도 있다.

천연가스의 경우 가장 상층부에 매장되어 있는 것을 얻는다. 바로 그 아래층에 원유가 매장되어 있다. 그런데 원유는 여러 탄소 화합물의 혼합물로 이루어져 있다. 이들은 주로 끓는점 차이에 의해 거대한 증류탑에서 분리하는데, 끓는점이 낮은 것부터 나열하면, LPG - 휘발유 - 등유 - 경유 - 중유 순으로 얻어진다. 이렇게 천연가스와 LPG가 얻어지는 것이다.

◀ 천연가스 시추선

　천연가스와 LPG를 살펴보면 탄 소수가 4개까지라는 것을 알 수 있다. 그런데 탄소수가 5개를 넘으면 어떻게 될까?

　탄소가 좀 더 많이 결합하여 분자량이 커지면(탄소수가 5개 이상), 분자간의 인력도 커져서 더 이상 상온에서 기체로 있을 수 없게 되어 액체가 된다. 또 탄소수가 점점 더 많아져서 18을 넘으면 상온에서 고체가 된다.

　주로 탄소수가 5~9까지의 알칸이 자동차 휘발유의 주성분이다. 그리고 탄소수 10~15가 등유, 16~19이 경유, 20 이상이 중유, 25를 넘으면 고체 찌꺼기인 아스팔트가 된다. 이처럼 탄화수소인 알칸은 우리 생활의 주 연료로 이용되고 있는 물질이다.

　다음에 원유를 분리하는 증류탑의 구조와 분리되는 물질 및 그 쓰임새를 소개하였다.

▶ 증류탑

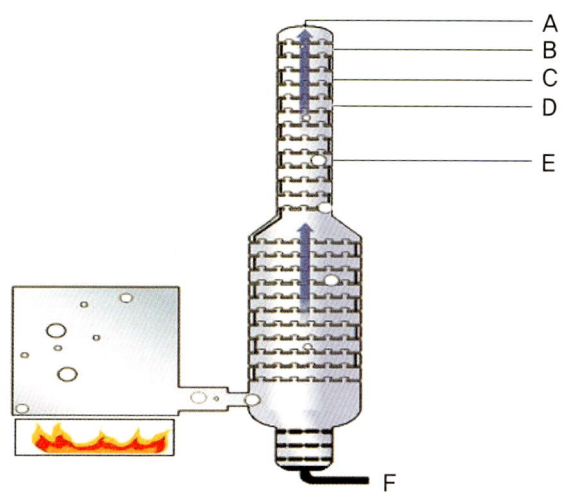

기호	물질명	끓는점	탄소수	용도
A	액화석유가스	-160 ~ 40	1 ~ 4	가정용·공업용·자동차 연료용
B	가솔린(나프타)	50 ~ 200	5 ~ 10	자동차 연료나 화학제품의 원료
C	등유	150 ~ 250	10 ~ 16	항공기의 원료 제트엔진이나 가정의 난방용 연료
D	경유	250 ~ 300	16 ~ 20	디젤 엔진의 연료로 사용
E	중유	300 ~ 350	20 ~ 25	선박의 연료, 암모니아 합성에 필요한 수소 제조에 사용
F	아스팔트	350이상	25이상	도로 포장재의 원료, 윤활유, 왁스 등으로 사용

연소열의 차이

메탄 1mol과 부탄 1mol에서는 부탄 쪽의 연소열이 크다. 즉, 양이 같을 때 천연가스(도시가스)에 비해 LPG 쪽의 연소열이 크기 때문에, 도시가스용 가스레인지에서 LPG가스를 연소시키면 큰 불길이 솟구쳐 위험에 처한다. 반대로 LPG용 기구에서 천연가스를 연소시키면 불길이 너무 약해서 제대로 가열할 수가 없는 단점이 있다.

알켄과 알킨의 쓰임새

앞에서 이중 결합을 가진 에틸렌($CH_2=CH_2$)이나 삼중 결합을 가지는 아세틸렌($CH\equiv CH$)을 불포화 탄화수소라 부른다고 했었다. 그런데 뭐가 불포화되었기에 불포화탄화수소라고 부르는 것일까?

다시 한 번 앞의 기억을 떠올리면 이런 이중, 삼중 결합이 있는 물질은 첨가 반응이 잘 일어난다고 했었다. 즉, 에틸렌에 수소(H_2)를 첨가하면 에탄(CH_3-CH_3)이 된다. 또 아세틸렌에 수소를 첨가시키면 에틸렌이 되며, 또 다시 수소를 첨가하면 에탄이 된다. 이와 같이 이중 결합이나 삼중 결합을 가지는 탄화수소는 아직 다른 원소를 더 첨가할 수 있기 때문에, 아직 포화되지 않았다는 뜻에서 불포화 탄화수소라고 부르는 것이다.

에틸렌, 아세틸렌의 열분해

불포화 탄화수소인 에틸렌이나 아세틸렌은, 산소가 존재하지 않는 조건에서 석유를 가열(열분해)하면 얻을 수 있다.

불포화 탄화수소의 변신 마술

에틸렌에 염소 원자를 반응시키면 에틸렌의 수소와 자리바꿈을 하여 염화비닐($CH_2 = CH - Cl$)이 된다. 이것은 우리 생활에서 사용되는 각종 비닐을 만드는 데 사용된다. 그런데 에틴($CH \equiv CH$)에 염화수소를 반응시켜도 염화비닐($CH_2 = CHCl$)이 만들어진다. 이처럼 이중·삼중 결합은 가진 탄화수소는 첨가 반응과 치환 반응을 하면서 여러 가지 물질을 만들어 내게 된다. 다음 경우를 보라.

▲ 아크릴 조각품

에틸렌에 CN이라는 원자단(시아노기라는 작용기)을 반응시키면 치환 반응이 일어나 아크릴로니트릴($CH_2 = CH - CN$)이 만들어진다. 이것이 바로 우리가 보통 아크릴이라고 부르는 것의 원료가 되는 물질이다.

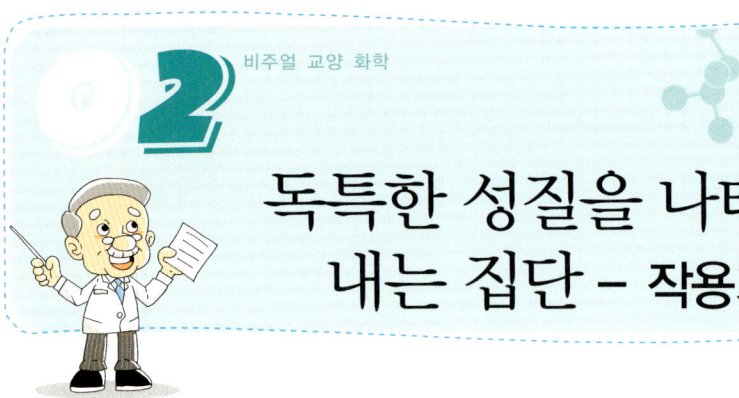

독특한 성질을 나타내는 집단 - 작용기

천의 얼굴을 나타내는 작용기

앞에서 탄소 화합물은 몇 개밖에 되지 않는 원소로 다양한 물질을 만들어 낸다고 말했었다. 탄소 화합물은 자신들만의 독특한 반응, 즉 치환 반응과 첨가 반응으로 다양한 물질을 만들어 낸다.

가장 간단한 탄소 화합물로 메탄이 있다. 그런데 메탄은 자신의 수소 하나를 얼마든지 다른 것으로 바꿀 수 있는 능력이 있다. 이러한 반응을 치환 반응이라고 하는데, 이 수소 하나는 원자뿐만 아니라 원자 집단과도 바뀔 수 있다.

다음의 예를 보도록 하자.

$$H-\underset{\underset{H}{|}}{\overset{\overset{H}{|}}{C}}-H + OH \rightarrow H-\underset{\underset{H}{|}}{\overset{\overset{H}{|}}{C}}-OH$$

이 경우 메탄의 수소 원자 하나가 −OH라는 원자 집단과 서로 바뀐 것을 알 수 있다. 이제 천연가스의 주성분이던 기체 메탄은 알코올의 일종인 액체 메탄올(CH_3OH)로 변했고, 성질도 완전히 달라졌다.

메탄올

CH_3OH의 시성식을 갖는 가장 간단한 알코올로 메틸알코올이라고도 한다. 녹는점 −97.8℃, 끓는점 64.7℃, 비중 0.79이며, 독성이 있는 액체이다.

에탄(C_2H_6)의 경우를 보자. 에탄의 수소 원자 하나가 역시 −OH로 바뀌면 에탄올(C_2H_5OH)이 생긴다. 에탄올은 사람들이 마시는 술의 주원료다.

이렇게 원자의 집단이 작용하여 완전히 다른 성질을 나타내게 하는 것을 작용기라고 한다.

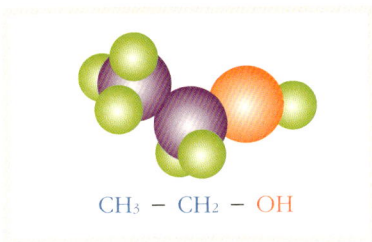

$CH_3 - CH_2 - OH$

다음에 작용기들을 나타냈다(여기서 R은 작용기를 제외한 나머지 탄소 화합물을 나타낸다).

작용기	작용기 이름	대표적인 특징
알코올(ROH)	히드록시기	알코올의 성질을 나타낸다.
카르복시산(RCOOH)	카르복시기	산의 일종이다.
에테르(ROR)	에테르기	휘발성 마취성이 있다.
에스테르(RCOOR)	에스테르기	특유의 과일향이 난다.
알데히드(RCHO)	포르밀기	포름알데히드($HCHO$)는 대표적 독성 물질이다.

알코올의 성질 – OH기

앞에서도 이야기했듯이 히드록시기(-OH)를 가지는 탄소 화합물을 알코올이라고 부른다.

사람들은 예로부터 술과 함께 살아왔다고 해도 과언이 아닐 정도로 세계 어느 나라나 고유의 술이 있다. 독일의 맥주, 프랑스의 와인, 우리나라의 막걸리와 소주까지 아주 다양한 술이 있다. 그런데 이 모든 술에는 에탄올이라는 성분이 들어 있다. 사람들이 술을 마시면 기분이 좋아지며 취하게 되는데, 이런 작용을 하는 중심에 에탄올이 있다는 이야기다.

그런데 에탄올은 왜 사람을 취하게 할까?

사람이 마신 알코올은 위와 소장에서 흡수되어 혈액으로 들어가 간에서 처리된다. 즉, 간이 알코올의 해독 작용을 맡아서 한다. 그러나 사람이 술을 계속 마시게 되면 간의 처리 능력을 초과하게 되고 따라서 알코올은 다시 혈액으로 들어가 전신으로 운반된다. 물론 뇌로도 들어간다.

뇌에는 이러한 물질의 침입을 막아 주는 방어 체계가 있다. 즉, 뇌에서는 알코올 탈수 효소가 분주하게 알코올을 분해하며 해독해 내지만, 음주 속도가 알코올 분해 속도를 앞지를 때에는 대책이 서지 않는다.

이제 알코올은 뉴런(신경세포)의 막을 용해하여 신경세포 사이의 정보 교환을 엉망으로 만들고, 이 때문에 사람의 신경은 둔해지고 취하게 되는 것이다. 술을 많이 마신 사람이 지난밤에 있었던 일을 전혀 기억하지 못하는 것도 다 이런 이유가 있기 때문이다.

알코올 농도와 사람이 나타내는 반응

혈중 알코올 농도	취했을 때의 행동
0.03 %	활발해져서 떠들어댄다.
0.10 %	혀가 잘 움직이지 않게 되며, 걸음걸이도 불안정해진다.
0.30 %	의식이 몽롱해지며 자제력을 잃는다.

알코올에서 카르복시산까지

그런데 아무리 술을 많이 마신 사람이라도 다시 정상으로 돌아온다. 그것은 우리 인체가 술을 해독하는 기능이 있기 때문이다. 술은 어떻게 해독되는 것일까? 술이 해독된다는 것은 알코올 즉, 에탄올이 산화된다는 뜻이기도 하다.

알코올이 산화되면 알데히드가 된다. 앞에서 말한 작용기 중 알데히드가 있었는데, 바로 그 물질이 되는 것이다. 그런데 알데히드 역시 안심할 수 있는 물질은 아니다. 다행히 알코올의 산화는 여기서 멈추지 않고 계속 진행된다. 알코올이 산화되어 만들어진 알데히드는 다시 산화되어 카르복시산으로 된다.

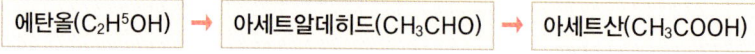

술을 통해 몸속으로 들어온 에탄올은 이러한 과정을 거쳐 산화됨으로써 모두 분해가 되어 술이 깨게 되는 것이다.

그런데 생체 내에서 이런 반응이 일어날 때에는 반드시 효소가 관여한다. 만약 위의 과정 중 아세트알데히드가 아세트산으로 잘 변화되지 않는 사람이 있다면, 그 사람은 다음 날 아침에도 술이 깨지 않아 몸이 개운하지 않음을 느끼게 된다. 아직 알코올의 완전한 분해가 일어나지 않았기 때문이다.

HCHO 포름알데하이드   CH₃CHO 아세트알데하이드   CH₃COOH 아세트산

그런데 똑같은 −OH기가 치환된 탄소 화합물인데도 알코올과는 완전히 다른 성질을 나타내는 물질도 있다. 예를 들어 분자식에 들어 있는 −OH기의 개수가 2개인 에틸렌글리콜($HO(CH_2)_2OH$)은 점성(끈 적끈적한 성질)이 있는 액체로 자동차의 부동액으로 쓰인다. 또한 분자식에 들어 있는 −OH기의 개수가 3개인 글리세롤($C_3H_5(OH)_3$)은 의약품이나 화장품의 원료로 쓰이는 물질이다.

 은거울 반응

은 이온이 들어 있는 용액에 알데히드를 더하여, 서서히 가열하면 산화·환원 반응이 일어나서 은 이온이 은으로 환원된다. 이때 시험관 벽에 은이 생기기 때문에 아주 아름답게 보이게 된다. 그래서 이 반응을 은거울 반응이라고 하며, 이 은거울 반응은 알데히드를 검출하는 대표적인 반응이다.

식초에 들어 있는 산

식초가 산이라는 사실을 모르는 사람은 없을 것이다. 그런데 식초에 들어 있는 산의 종류는 무엇일까?

우리가 알고 있는 산을 다 들어보자. 염산, 황산, 인산, 탄산 등이 있다. 그러나 식초에 들어 있는 산은 이런 산과는 좀 다르다. 바로 탄소 화합물의 일종인 산이 들어 있기 때문이다. 식초에 들어 있는 산은 다름 아닌 앞에서 소개한 카르복시산의 하나인 아세트산(CH_3COOH)이다. 아세트산이 산성을 나타내는 이유는 이 분자식의 꼬리에 붙어 있는 $-COOH$(카르복시기)기 때문이다.

카르복시기를 가진 탄소 화합물은 모두 산의 성질을 나타낸다. 예를 들어 음식을 발효할 때 생기는 유산균(야쿠르트나 김치 등)에도 모두 카르복시산이 들어 있으며, 각종 과일의 신맛(사과나 귤, 오렌지 등)을 나타내는 것에도 카르복시산이 들어 있다.

또한 몸에 좋다고 소문난 구연산이나 독성이 있는 개미산이라고도 불리는 포름산에도 카르복시산이 들어 있어 산성을 나타낸다. 포름산($HCOOH$)은 가장 간단한 카르복시산이기도 한데, 피부에 묻으면 수포가 생길 정도의 독성을 가지고 있다.

이러한 카르복시산은 앞에서도 이야기했듯이 알코올의 산화로 만들어진다. 술이 어떻게 해독되는지 기억을 떠올려 보라. 알코올이 알데히드로, 다시 알데히드가 카르복시산으로 산화한다고 했었다. 따라서 실제로도 곡물을 발효시켜 다시 알코올을 만들고 다시 이 알코올을 산화시켜 카르복시산을 얻는다.

식초 + 술 = 사과 냄새

개미산에 소주를 반응시키면 복숭아 향이 난다. 이것은 카르복시산과 알코올이 반응하면 과일 향을 내는 에스테르가 생기기 때문이다. 에스테르는 과일 향을 내는 대표적인 물질이다. 에스테르란 무엇일까?

앞에서 여러 작용기 중 에스테르기($-COO$)가 있었다. 탄소 화합물 속에 이 에스테르기가 포함되어 있는 물질을 에스테르라고 한다.

앞에서 말한 포름산에 에탄올을 작용시키면 복숭아 향이 나는 포름산에틸($HCOOC_2H_5$)이 생긴다. 또한 아세트산에 에탄올을 작용시키면 사과 향이 나는 아세트산에틸($CH_3COOC_2H_5$)이 생긴다. 다음 표에 여러 과일 향을 내는 에스테르가 소개되어 있다.

여러 가지 과일 향을 내는 에스테르

시성식	이름	냄새
$CH_3COOC_2H_5$	아세트산에틸	사과향
$CH_3COOC_5H_{11}$	아세트산이소아밀	바나나향
$CH_3COOC_8H_{17}$	아세트산옥틸	오렌지향
$C_3H_7COOC_2H_5$	부틸산에틸	파인애플향
$C_3H_7COOC_5H_{11}$	부틸산이소아밀	배향

에스테르화 반응

알코올과 카르복시산이 반응하여 에스테르가 만들어지는 반응을 에스테르화 반응이라고 한다. 탄소수가 많은 고급 지방산과 3가 알코올인 글리세롤을 반응시키면 유지가 만들어지는데 이 유지가 비누를 만드는 데 쓰인다.

비누를 만들어 내는 에스테르

우리가 매일의 일상생활 속에서 만나는 것 중 욕실에 있는 것들을 떠올려 보자. 칫솔, 치약, 샴푸, 비누 등등. 만약 현대 생활 속에서 이런 것들이 없다면 어떻게 될까? 아마 단 며칠도 지나지 않아 우리는 땀과 때로 더러워질 것이다.

그런데 그중 비누를 만드는 데 에스테르가 꼭 필요하다.

앞에서 에스테르는 과일 향을 내는 물질이라고 했었다. 하지만 에스테르 중 과일 향을 내는 물질은 분자량이 적을 경우에만 해당하며, 탄소수가 점점 많아지면 유지라는 에스테르가 만들어진다. 이 유지가 비누를 만드는 데 쓰이는 에스테르다. 이 유지에 수산화나트륨과 같은 강한 염기를 반응시켜 가열하면 비누와 글리세린이라는 알코올의 일종인 물질이 만들어진다. 이때 얻어지는 비누를 우리 생활에 사용하는 것이다.

 비누화 반응

에스테르인 유지와 수산화나트륨이 반응하여 비누와 글리세린을 만드는 반응을 비누화 반응이라고 한다.

03 비주얼 교양 화학

우리 생활 속의 벤젠 가족들

꿈꾸다가 발견한 벤젠의 구조

케쿨레는 최초로 벤젠의 구조를 밝힌 화학자다. 그는 어떻게 벤젠의 구조를 알아냈을까?

어느 날 케쿨레는 따뜻한 난로 앞에 앉아 있다가 너무나 졸린 나머지 깊은 잠에 빠져들었다. 그런데 꿈에 뱀이 나타나더니 자기 꼬리를 물고 빙빙 돌고 있는 것이 아닌가! 그는 꿈에서 깨어났고 벤젠의 구조를 그릴 수 있게 되었다.

앞에서도 이야기했듯이, 벤젠은 독특한 구조(1.5중 결합의 벤젠고리를 만듦) 때문에 다른 탄소 화합물과는 매우 다른 성질을 나타낸다.

구조식으로 나타낼 때에도 ◯◯ 이 두 가지 구조가 아주 빠르게 왔다갔다 하는 구조이기 때문에 ◯ 이렇게 구조를 그리기도 한다.

벤젠은 벤젠고리라는 독특한 안정 구조 때문에 다른 이중 결합 탄소 화합물이 쉽게 일으키는 첨가 반응이 잘 일어나지 않고, 오히려 서로 자리를 바꾸는 치환 반응이 더 우세하게 일어난다. 따라서 벤젠은 독특한 구조 때문에 탄소 화합물의 분류에서도 큰 자리를 차지한다.

벤젠 역시 여러 반응을 통해 다양한 물질을 만들어 내는데, 그 물질의 분자 구조에 벤젠 모양을 포함하고 있는 화합물들은 독특한 냄새를 가지기 때문에 방향족 화합물이라고 한다.

시너 등으로 쓰이는 벤젠 가족

벤젠은 우세하게 일어나는 치환 반응을 통해 다양한 벤젠 가족들을 만들어 낸다. 이때 만들어지는 벤젠 가족들은 분자 구조 속에 여전히 벤젠의 모습을 가지고 있다. 그러나 벤젠도 첨가 반응을 하는데, 이때 만들어지는 화합물에서는 더 이상 벤젠의 모습을 찾아볼 수 없다. 다음 그림에 벤젠(C_6H_6)이 만들어 내는 다양한 물질들을 소개한다.

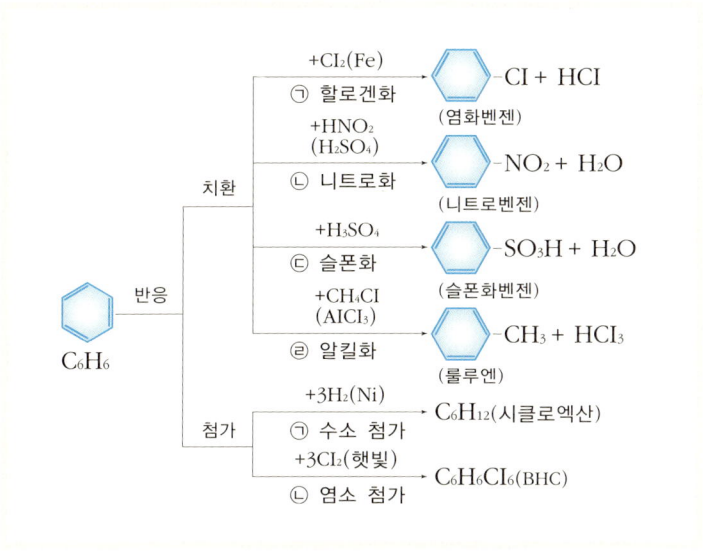

▲ 벤젠이 만들어 내는 물질

　벤젠이 만들어 내는 화합물은 대부분 독성이 있으므로 취급할 때 매우 주의해야 한다. 위의 물질 중 톨루엔은 유기 용매로 사용되는데, 특히 페인트를 희석할 때 쓰이는 시너(thinner)는 톨루엔을 주성분(65%)으로 하여 아세트산에틸 등을 배합한 것이며, 그 독성은 주성분인 톨루엔 때문에 생긴다.

염료로도 쓰이고, 폭약으로도 쓰인다

　벤젠은 치환 반응이 우세하게 일어난다고 했었다. 따라서 벤젠의 수소 원자 하나가 앞에서 말한 작용기들로 바뀌는 경우도 생각해 볼 수 있다.

먼저 벤젠의 수소 원자 하나가 -OH기로 바뀐 경우를 생각해 보자. 이때는 다음과 같은 페놀(C_6H_5OH)이 만들어진다. 페놀은 무색의 바늘 모양의 결정으로 독성이 강하고 살균력이 있는 대표적인 물질이다.

▲ 페놀

또한, 벤젠의 수소 원자 하나가 -COOH기로 바뀐 경우에는 벤조산(C_6H_5COOH)이라는 물질이 만들어진다. 벤조산은 살균력이 있고 의약품 및 식품의 방부제 등으로 쓰인다.

이제 벤젠의 수소 원자가 니트로기($-NO_2$)로 치환되면 연노란색의 기름 모양 액체인 니트로벤젠($C_6H_5NO_2$)이 만들어진다. 니트로벤젠은 향료나 염료의 원료로 쓰이는 물질이다.

니트로벤젠을 금속(주로 주석을 이용)과 염산에 반응시키면 아닐린($C_6H_5NH_2$)이 생성된다. 아닐린은 $-NH_2$기 때문에 염기성(알칼리성)을 나타낸다. 무색의 기름 모양 액체이며 냄새가 좋지 않으나, 화학공업에서는 아주 중요한 물질이다.

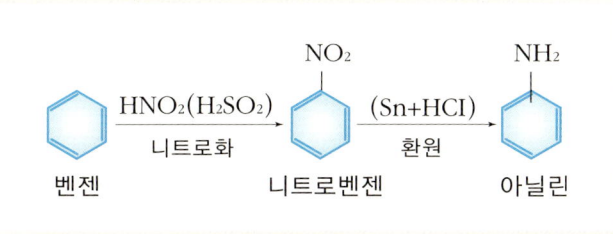

아닐린을 염산에 녹인 다음, 얼음물로 차게 하면서 아질산나트륨을 작용시키면 '디아조화'라고 불리는 반응이 일어나서, 염화벤젠디아조늄이 생성된다. 이 물질에 페놀과 수산화나트륨을 반응시키면 주황색 염료인 아조 화합물이 만들어진다. 이 반응은 아조기(-N=N-)에 벤젠고리를 2개 결합시키는 반응이기 때문에 일반적으로 '디아조 커플링 반응'이라고 불리기도 한다. 이 아조기를 가지는 화합물은 여러 가지 색을 내는 것이 많기 때문에, 염료로 이용되고 있다.

그런데 벤젠에 이러한 니트로기 세 개가 붙어 있는 물질은 폭약으로 변신한다. 즉, 톨루엔(C_7H_8)에 진한 질산과 황산을 반응시키면 2,4,6-트리니트로톨루엔(TNT)이 생성되는데, 이것이 바로 폭약으로 유명한 TNT이다.

파스, 아스피린을 만드는 벤젠 가족 - 살리실산

이제 벤젠의 또 다른 모습을 보도록 하자. 벤젠의 수소 하나는

-OH기로, 또 그 옆의 수소 하나는 -COOH기로 치환된 물질이다. 이 물질은 살리실산이라고 불리는 흰색의 바늘 모양 결정이다.

과거에는 살리실산을 자연에서 생약으로 얻어 사용하였었다. 즉, 우리 조상들은 버드나무의 잎에 진통 작용을 하는 물질이 들어 있다는 사실을 알고 이를 사용해 왔던 것이다. 하지만 의학이 발달한 지금은 이를 인공적으로 합성하여 사용한다.

우리는 보통 머리가 아프면 아스피린을 먹는다. 한편 근육통이 생길 때는 파스를 붙인다. 바로 이 아스피린과 파스는 살리실산을 사용해서 만든다. 다음의 그림으로 아스피린의 주성분인 아세틸살리실산과 파스의 주성분인 살리실산메틸이 어떻게 만들어지는지 알아보자.

$$\text{살리실산} \begin{pmatrix} -OH \\ -COOH \end{pmatrix} + CH_3COOH \longrightarrow \text{아세틸살리실산(아스피린)} \begin{pmatrix} -O-\overset{\overset{O}{\|}}{C}-CH_3 \\ -COOH \end{pmatrix} + H_2O$$

$$\text{살리실산} \begin{pmatrix} -OH \\ -COOH \end{pmatrix} + CH_3OH \longrightarrow \text{살리실산메틸(진통제)} \begin{pmatrix} -OH \\ -COOCH_3 \end{pmatrix} + H_2O$$

즉, 살리실산에 아세트산을 반응시키면 아스피린(아세틸살리실산)이 만들어지고, 메탄올을 반응시키면 파스(살리실산메틸)가 만들어지는 것이다.

chapter 11

고분자 탄소 화합물의 세계

탄소 화합물을 이야기하다 보면 우리는 어느덧 '고분자'라는 단어를 만나게 된다. 고분자란 수없이 많은 원자가 결합하여 만들어진 하나의 거대 분자를 말한다. 그런데 놀라운 것은 이러한 거대 분자를 이루는 데 사용된 원자의 종류는 불과 몇 가지에 지나지 않는다는 사실이다. 놀랍지 않은가! 이러한 고분자는 '중합'이라는 특수한 반응에 의해 만들어지며, 우리 생활에 사용되는 합성 섬유, 플라스틱, 그리고 우리 인체의 중요 영양소인 탄수화물, 단백질 등이 고분자로 이루어진 대표적인 물질들이다. 이 장에서는 고분자 탄소 화합물의 세계에 대해 알아보자.

01 비주얼 교양 화학

저분자로 고분자를 만든다

고분자 화합물이란?

생물에는 단세포로 이루어진 세균과 같은 생물이 있는 반면, 수많은 세포로 이루어진 고등생물도 있다. 놀라운 것은 세포 하나의 기능은 단세포생물이나 고등생물이나 서로 비슷하게 작용한다는 사실이다.

분자의 세계도 마찬가지다. 지금까지 우리가 다루었던 몇 개의 원자로 이루어지는 간단한 형태의 분자가 있는 반면, 수없이 많은 원자의 결합으로 이루어지는 고분자 물질도 있다.

그러면 어느 정도 되어야 고분자 물질이라고 할 수 있을까? 고분자 물질이라고 불리려면 최소한 분자 한 개의 분자량이 10,000 이상이 되어야 한다.

이러한 고분자 화합물은 자연계에서는 주로 녹말, 단백질 등이 있다. 한편 인공적으로 만들어진 고분자 화합물도 수없이 많은데, 대표적인 것으로 플라스틱, 나일론 등이 있다.

고분자는 분자량이 일정하지 않기 때문에 녹는점과 끓는점도 각기 다르고, 용매에 녹기 어려우며 분자량이 대단히 커서 액체나 고체 상태로만 존재한다.

인공적으로 만들어지는 고분자 화합물

현대문명과 함께 등장한 대표적인 물질로는 플라스틱을 들 수 있다. 플라스틱은 가볍고 질기기 때문에 그릇, 컵, 학용품, 각종 집기 등 우리 생활 곳곳에 침투해 있다. 그런데 이러한 플라스틱은 우리가 앞에서 계속 다루었던 탄소 화합물인 에틸렌(에텐 : $CH_2=CH_2$)으로부터 만들어졌다.

폴리에틸렌이 만들어지는 다음 반응식을 보도록 하자.

$$nCH_2 = CH_2 \xrightarrow{\text{중합}} [-nCH_2 - CH_2 -]$$
메틸렌(단위체)　　　　　폴리에틸렌(중합체)

단위체였던 에틸렌이 중합 반응을 일으켜 중합체인 폴리에틸렌이 되었다. 중합 반응이란 분자량이 작은 물질인 단위체(에틸렌과 같은)들끼리 서로 결합하는 반응을 말한다.

따라서 이러한 중합 반응이 일어나면 전체 단위체가 결합하여 생성된 덩치가 아주 큰 중합체(폴리에틸렌과 같은)가 생기게 된다. 이 중합체가 바로 고분자 화합물이다. 여기서 생긴 폴리에틸렌은 우리 생활에서 플라스틱이라고 부르는 물질의 주성분이고, 필름의 주성분이기도 하다.

이중 결합이 없어지는 첨가 중합

폴리에틸렌의 경우 단위체의 이중 결합이 끊어지면서 중합체가 생긴 경우이다. 이 반응의 특징은 없어진 원자가 하나도 없다는 것과 반드시 이중 결합이 있는 단위체의 경우에만 가능하다는 것이다. 이러한 중합 반응을 첨가 중합이라고 한다.

첨가 중합으로 만들어지는 고분자 화합물들은 다음과 같다.

고분자 화합물	특징	용도
폴리에틸렌	가장 간단한 고분자	플라스틱, 필름, 비닐봉지
폴리염화비닐	잘 안 타고 착색이 가능	급배수관, 식품 포장 랩
폴리프로필렌	폴리에틸렌과 비슷하다. 내열성이 약간 강하다.	섬유, 식품보존용 용기, 밧줄
폴리스티렌	비교적 무른 편	스티로폼
폴리아크릴로니트릴	동물성 섬유와 비슷한 성질	옷감, 양탄자

스티로폼

폴리스티렌으로 만들어진 것으로, 방열 및 절연이나 충격 완화에 쓰이는 물질로 이름은 상품명에서 유래하였다.

첨가 중합으로 만들어지는 고분자 화합물들을 보면, 기본 단위체의 탄화수소 구조에서 그냥 수소만 결합하고 있으면 폴리에틸렌이 된다. 또한 염소(Cl)가 치환된 구조이면 폴리염화비닐, CN이 치환된 구조이면 폴리아크릴로니트릴, 벤젠이 치환된 구조이면 폴리스티렌이 된다.

한편 첨가 중합으로 만들어지는 고분자 화합물은 가열하면 물렁물렁해지고 식히면 다시 굳는다. 예를 들어 필름이나 비닐봉지는 열을 가하면 부드러워져서 쉽게 그 모양이 변한다. 이처럼 열에 의해 모양이 변한다고 해서 열가소성 수지라고 부르기도 한다.

축합 중합 반응

우리가 사용하는 물질 중 나일론, 페트병, 각종 접착제 등도 고분자 화합물이다. 그런데 이런 물질도 어떤 단위체가 중합 반응을 하여 만들어지지만, 이들의 반응에서는 이중 결합이 끊어지지 않고 단위체의 원자가 빠져나오면서 만들어지기 때문에 앞의 첨가 중합 반응과는 분명히 차이가 있다. 다음 반응의 예를 보도록 하자.

$$nHO-CH_2-CH_2-OH + nHO-\overset{O}{\underset{}{C}}-\bigcirc-\overset{O}{\underset{}{C}}-OH \xrightarrow{축합\ 중합}$$
에틸렌글리콜　　　　　　　　　테레프탈산

$$\left[-O-CH_2-CH_2-O-\overset{O}{\underset{}{C}}-\bigcirc-\overset{O}{\underset{}{C}}-\right]_n + 2nH_2O$$
폴리에티렌

위의 반응은 단위체인 테레프탈산과 에틸렌글리콜이 반응하여 중합체인 폴리에스테르가 생성되는 반응이다. 폴리에스테르는 섬유로도 사용되는 물질이다. 그런데 위의 반응식을 보면 당장 보기에도 앞의 첨가 중합 반응보다 매우 복잡하고 규칙을 찾아내기가 쉽지 않다는 사실을 알 수 있다.

또한 축합 중합은 반응마다 각각의 독특한 반응식을 나타내기 때문에 더욱 헷갈리기 쉽다. 따라서 축합 중합 반응의 특징을 잘 알아두는 것이 중요하다. 즉, 축합 중합 반응은 단위체 분자 내에 두 개 이상의 작용기가 있어서 단위체들이 결합할 때 물 분자와 같은 간단한 분자가 빠져나오면서 중합체를 만든다는 사실을 기억하면 된다.

축합 중합 반응의 또 다른 예를 보도록 하자. 우리가 보통 나일론이라고 부르는 고분자 물질도 다음 축합 반응을 통해 생성된다.

$$n\begin{bmatrix} H & H \\ | & | \\ H-N-(CH_2)_6-N-H \end{bmatrix} + n\begin{bmatrix} O & O \\ \| & \| \\ HO-C-(CH_2)_3-C-OH \end{bmatrix} \xrightarrow{축합 중합}$$

헥사메틸렌디아민   아디프산

$$\begin{bmatrix} H & H & O & O \\ | & | & \| & \| \\ -N-(CH_2)_4-N-C-(CH_2)_4-C- \end{bmatrix} + 2nH_2O$$

6,6-나일론

이러한 축합 중합 반응은 크게 다음 표와 같은 세 가지 반응으로 요약할 수 있다.

▼ 축합 중합 반응의 종류

축합 중합 반응	예
폴리에스테르계	폴리에틸렌, 테레프탈레이트 등
폴리아미드계	6,6 - 나일론 등
열경화성 수지계	페놀수지, 요소수지 등

위의 축합 중합으로 생긴 물질 중 페놀수지나 요소수지 등은 열을 가해도 쉽게 녹거나 변형되지 않는다. 따라서 식기나 전기 기구 등으로 많이 이용되기도 하는데, 이러한 고분자 화합물을 열경화성 수지라고 부른다.

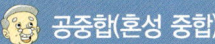
 공중합(혼성 중합)

두 개의 단위체가 교대로 첨가 중합 반응이 일어나는 중합 반응을 말한다.

$$nCH_2 = CH - CH = CH_2 + nCH_2 = CH \longrightarrow \left[CH_2 - CH = CH - CH_2 - CH - CH_2 \right]_n$$
부타디엔　　　　　　스티렌　　　　　　　　부나-S

모양에 따라서도 고분자 화합물을 나눈다

고분자 화합물을 앞에서는 중합 반응의 종류에 따라 나누었는데, 사실 우리에게 와 닿는 분류법은 아니다. 고분자 화합물을 그 모양에 따라 나눈다면 크게 합성섬유와 합성수지로 나눌 수 있다. 예를 들어 그 모양이 플라스틱 상태이면 합성수지라고 부르고, 그 모양이 섬유 상태이면 합성섬유라고 부르는 방법이다.

합성수지는 우리가 지금까지 대부분 다루었던 열경화성 수지와 열가소성 수지를 말한다. 그리고 합성섬유는 폴리비닐계 섬유, 폴리에스테르계 섬유 및 폴리아미드계 섬유로 나뉜다.

대표적인 폴리비닐계 섬유로는 비닐론이라는 것이 있는데, 불에 타지 않고 마찰에도 잘 견디므로 그물 등을 만드는 데 쓰인다.

또한 폴리에스테르계 섬유는 분자 내에 에스테르(-COO) 결합을 가지고 있는 섬유를 말하며, 대표적인 폴리에스테르 섬유로는 앞에서도 축합 중합 반응에서 소개했던 테릴렌이다.

폴리아미드계 섬유는 분자 내에 아미드 결합(-NH-CO)을 가진 섬유를 말하며, 헥사메틸렌디아민과 아디프산의 축중합에 의해 만들어진 나일론이 대표적인 섬유이다.

환경을 위협하는 합성 고분자 화합물

현대 문명과 함께 시작된 합성 고분자 화합물은 현대인의 생활을 편리하게 하는 데 가히 일등 공신이라고 할 만큼 큰 역할을 하였다. 그러나 무방비 상태로 버려진 플라스틱과 같은 물질들은 환경을 위협하는 무기로 돌변했다. 이것들이 자연에서 분해가 되지 않고 그대로 폐기물로 남아 버리기 때문이다. 현재 이런 문제점은 많이 보완이 되어 자연에서 분해가 되는 합성 고분자 화합물이 개발되어 사용되고 있다.

02 비주얼 교양 화학

당(탄수화물)도 고분자 화합물이다

자연 속에 존재하는 고분자 화합물

앞에서 우리는 인공적으로 합성된 고분자 화합물에 대해 알아보았다. 그러나 사실 고분자 화합물의 원조는 자연에 있다. 인간은 이것을 모방하여 고분자 화합물을 만들어 낸 것이다.

자연에 존재하는 고분자 화합물에는 앞에서도 이야기했던 탄수화물과 단백질 및 천연 고무 등이 있다. 그런데 자연 속에 존재하는 천연 고분자 화합물들은 생물체의 몸을 구성하고 있으며, 생물체의 생명을 유지하는 데 꼭 필요한 물질들이라는 공통점이 있다.

탄수화물이란?

식물은 생장하면서 여러 가지 영양 물질을 만들어 낸다. 식물이 만들어 내는 물질 중 녹말, 포도당, 설탕, 각종 과당과 셀룰로오스 등을 통틀어 탄수화물이라고 한다. 그런데 이러한 탄수화물은 모두 당을 기본 단위로 한다. 따라서 당의 종류에 따라 탄수화물은 크게 세 가지로 분류할 수 있다.

탄수화물은 가장 간단한 당인 단당류(포도당, 과당 등), 2개의 단당류가 결합한 이당류(자당, 맥아당 등), 그리고 여러 개의 단당류가 결합한 다당류(녹말, 셀룰로오스 등)로 나뉜다. 다당류가 분해하면 이당류나 단당류가 되고, 이당류가 분해하면 단당류가 된다. 이때의 분해 반응은 물이 빠져나오는 반응이기 때문에 가수분해 반응이라고 한다.

가수분해

자연계에서 일어나는 화학 반응 중에 물 분자가 작용하여 일어나는 분해 반응을 말한다. 사람의 소화기 내에서 음식이 소화되는 반응이나 금속염이 물과 반응하여 산성 또는 알칼리성 물질이 되는 반응 등이 있다.

누가 더 달까?

먼저 가장 간단한 단당류에 대해 알아보도록 하자. 단당류는 더 이상 분해가 되지 않는 당을 말하며 포도당, 과당, 갈락토오스 등이 있다. 이들은 모두 물에 잘 녹는다. 이들 중 대표적인 포도당은 분자식이 $C_6H_{12}O_6$으로 과일 등에 많이 들어 있으며, 수용액에서 다음과 같은 세 가지 구조가 평형을 이루고 있다.

α 글루코스

사슬모양 글루코스   β 글루코스

한편 우리가 과일을 먹을 때 달콤한 맛을 느낄 수 있는 것은 과일에 당이 들어 있기 때문이다. 이 당은 과일에 들어 있는 당이라고 해서 과당이라고 한다. 과당 역시 체내에 흡수되면 포도당으로 변화하며 영양원의 역할을 한다. 따라서 다이어트 전문가들은 과당을 많이 섭취하는 것도 살이 찌는 원인이 될 수 있다고 경고하기도 한다.

이당류는 두 개의 단당류가 결합한 당으로 설탕, 맥아당 등이 있으며 모두 물에 잘 녹는다. 대표적인 이당류인 설탕은 분자식이

$C_{12}H_{22}O_{11}$이며, α-포도당과 과당의 축합 반응에 의해 생성된 물질이다. 설탕이 가수 분해되면 다음과 같이 단당류인 α-포도당과 과당으로 분해된다.

$$C_{12}H_{22}O_{11} \rightarrow C_6H_{12}O_6 + C_6H_{10}O_5$$

따라서 설탕보다 분해한 포도당이나 과당이 더 단맛을 내게 된다. 또한 맥아당은 물엿 등에 들어 있으며, 포도당이 축합하여 만들어진 것이다.

젖당

이당류이며 우유에 포함되어 있다. 포도당과 갈락토오스가 축합 반응하여 만들어진 것이다.

마지막으로 다당류에 대해 알아보도록 하자. 다당류는 $(C_6H_{10}O_5)_n$의 일반식을 가진다. 이러한 다당류에는 녹말, 셀룰로오스 등의 고분자 화합물이 있다. 그런데 이들은 단맛이 나지 않기 때문에, 사람들은 이들을 당이라고 생각하지 않는다. 그러나 이들이 가수분해 되면 단당류와 이당류가 되며, 이때부터 드디어 당의 이름에 걸 맞는 단맛을 내게 된다.

녹말은 단당류인 α-포도당의 축합 중합체이며, 고온의 물에 녹는 아밀로오스와 물에 잘 녹지 않는 아밀로펙틴으로 되어 있다. 때문에 녹말을 물에 녹이면 끈적끈적한 콜로이드 용액이 되는 것이다. 이러한 녹말을 가수분해하면 이당류를 거쳐 단당류인 α-포도당으로 된다. 우리가 쌀밥을 계속 씹으면 단맛을 느낄 수 있는 이유가 녹말이 분해되어 포도당으로 변하기 때문이다.

셀룰로오스

β-글루코오스의 축합 중합체로 섬유소라고도 부른다. 녹말과 구조가 비슷하나, 녹말의 구조는 β-글루코오스를 연결해 주는 산소 원자가 아래로만 배치되어 있는데 반해, 셀룰로오스는 β-글루코오스를 연결해 주는 산소 원자가 아래 위로 교대로 배치되어 있다는 점이 다르다.

녹말은 소화되어 포도당이 된다

우리가 먹는 쌀이나 밀가루에는 녹말이 주성분으로 들어 있다. 따라서 우리가 밥을 먹으면 녹말이 우리 몸속으로 들어오는 셈이 되고, 녹말은 소화 과정에 따라 분해되어 우리에게 필요한 영양소로 쓰이게 된다. 그러면 녹말이 어떤 소화 과정을 거치는지 앞의 가수 분해 과정과 비교해 보도록 하자.

우선 우리는 밥을 먹으며 잘게 씹는다. 이때 분비되는 침 속의 아밀라아제라는 효소가 작용하여 일부의 녹말을 맥아당 등으로 분해한다. 이렇게 위로 운반된 녹말은 위에서도 계속 맥아당 등으로 분해되고, 이것이 소장에 보내지면 단당류인 포도당이 분해가 된 후 흡수되는 것이다. 이렇게 녹말은 우리 몸속에서 단당류로 분해되는 과정을 거친다.

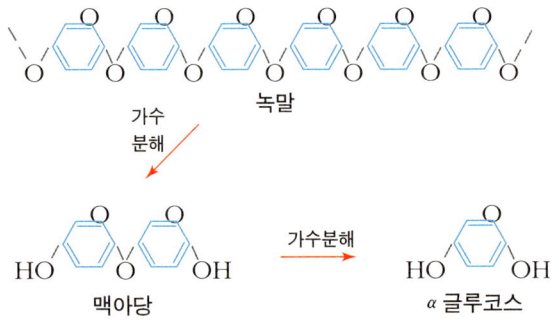

비주얼 교양 화학

아미노산이 모여 고분자 단백질을 만들다

단백질은?

우주의 역사를 탐구하는 과학자들이 지구에서 최초의 생명의 기원을 단백질의 존재에서 찾을 정도로 생물체에 있어 단백질의 존재는 중요하다.

단백질은 동물체의 근육, 뼈 등을 구성하는 주요 성분으로, 생명의 근원이 되는 중요한 물질이다.

이러한 단백질은 다음과 같이 $\alpha-$아미노산의 축합 중합 반응으로 생성된 물질이다.

$$\underset{\alpha\text{-아미노산}}{\text{H}-\underset{\underset{\text{H}}{|}}{\overset{\overset{\text{H}}{|}}{\text{N}}}-\underset{\underset{\text{}}{}}{\overset{\overset{\text{R}_1}{|}}{\text{C}}}-\overset{\overset{\text{O}}{\|}}{\text{C}}-\text{OH}} \underset{(-\text{H}_2\text{O})}{} \underset{\alpha\text{-아미노산}}{\text{H}-\overset{\overset{\text{H}}{|}}{\text{N}}-\overset{\overset{\text{R}_2}{|}}{\text{C}}-\overset{\overset{\text{O}}{\|}}{\text{C}}-\text{OH}} \underset{(-\text{H}_2\text{O})}{} \underset{\alpha\text{-아미노산}}{\text{H}-\overset{\overset{\text{H}}{|}}{\text{N}}-\overset{\overset{\text{R}_3}{|}}{\text{C}}-\overset{\overset{\text{O}}{\|}}{\text{C}}-\text{OH}}$$

탈수 축합중합   가수분해

$$-\overset{\overset{\text{H}}{|}}{\text{N}}-\overset{\overset{\text{R}_1}{|}}{\underset{\underset{\text{H}}{|}}{\text{C}}}-\overset{\overset{\text{O}}{\|}}{\text{C}}-\overset{\overset{\text{H}}{|}}{\text{N}}-\overset{\overset{\text{R}_2}{|}}{\underset{\underset{\text{H}}{|}}{\text{C}}}-\overset{\overset{\text{O}}{\|}}{\text{C}}-\overset{\overset{\text{H}}{|}}{\text{N}}-\overset{\overset{\text{R}_1}{|}}{\underset{\underset{\text{H}}{|}}{\text{C}}}-\overset{\overset{\text{O}}{\|}}{\text{C}}-$$

α-CONH- ⇒ 펩타이드 결합

이러한 α-아미노산의 종류가 20개나 된다(위의 구조식에서 R1, R2, R4 등이 그것이다). 그런데 이 20종의 아미노산의 조합에 따라 서로 다른 종류의 단백질이 만들어지니 단백질의 종류 또한 엄청나게 많다는 사실을 알 수 있다.

20종류의 아미노산은 지구상의 생물에 기본적으로 공통적으로 존재한다. 즉, 곤충 내에 있는 단백질도, 인간의 단백질도, 같은 종류의 아미노산을 조합해서 만들어진다.

단백질의 검출 반응

단백질에 알칼리를 가한 후에 황산구리($CuSO_4$)를 가하면 보라색이 되는데, 이것을 뷰렛 반응이라고 한다. 또한 단백질에 질산을 가하면 황색이 되는데 이것을 크산토프로테인 반응이라고 한다. 이러한 반응들은 단백질의 검출 반응으로 쓰인다.

아미노산과 단백질의 특징

아미노산은 분자의 구조에 산성을 띠는 카르복시기(-COOH)와 염기성을 띠는 아미노기($-NH_2$)를 동시에 가지고 있기 때문에 다음과 같이 용액의 액성에 따라 서로 다른 형태로 존재한다.

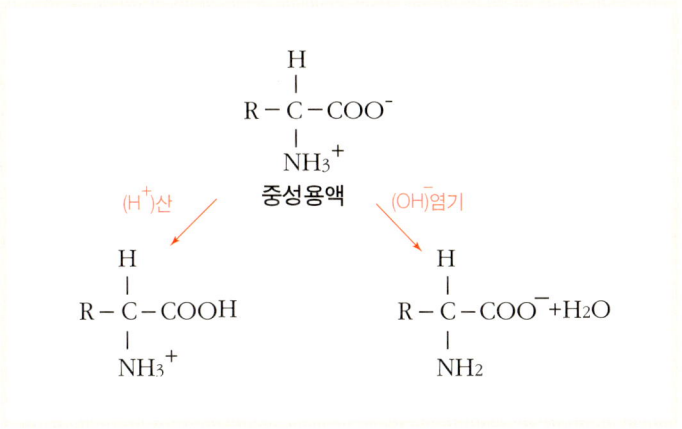

즉, 아미노산은 산에 대해서는 염기로 작용하고, 염기에 대해서는 산으로 작용하는 양쪽성 성질을 가지고 있다. 이러한 아미노산의 축합 중합으로 만들어진 단백질에는 펩티드 결합(-CONH-)이 생기는데, 이것은 한 아미노산의 카르복시기(-COOH)와 다른 아미노산의 아미노기($-NH_2$)가 축합 반응함으로써 만들어진다. 이러한 펩티드 결합은 나일론이 만들어질 때도 생긴다.

단백질 분자는 이러한 펩티드 결합에 의해 아미노산 분자들이 긴 사슬 모양을 이루는 구조를 하고 있다. 또한 단백질 분자는 종류에 따라 각각 고유한 입체 구조를 이루고 있는데, 특히 분자 구조 내의 C=O와 N-H 사이에 수소 결합을 형성하기 때문에 나선 구조를 이루기도 한다.

이러한 단백질은 열을 가하면 쉽게 변성된다. 날달걀을 가열하면 굳어지는 현상이 바로 그것이다. 그런데 한 번 굳어진 단백질은 다시는 원래대로 돌아가지 않는다. 이것은 단백질이 열에 의해 아미노산 사슬의 일부가 끊어져 또 다른 단백질로 변했기 때문이다. 한편 단백질은 열 외에도 산, 알코올, 중금속 등에 의해서도 쉽게 변하는 성질이 있다.

광학 이성질체를 만드는 아미노산

아미노산은 비대칭 탄소를 가지고 있는 물질이다. 비대칭 탄소란 탄소의 결합 가지 4개에 결합되어 있는 물질이 모두 다른 경우를 말한다. 이 경우 서로 다른 성질의 거울상 이성질체(광학 이성질체)가 만들어진다.

chapter 12

우리 생활 가까운 곳의 화학

사람들은 '화학'하면 먼저 어려운 공식이나 화학식을 떠올리지만, 사실 화학은 우리 생활 가까운 곳에 늘 존재하고 있다. 따라서 지혜로운 생활을 하기 위한 좋은 방법 중의 하나가 바로 생활 속의 물질을 화학적으로 바라보고 화학과 연관시키는 것이다. 우리는 생활 속에서 많은 화학 물질들과 씨름하고 있다. 인체에 좋지 않다고 연일 보도되는 물질 중 대표적인 것으로 트랜스 지방이 있다. 또 비누의 작용이나, 심지어 김치를 담글 때 배추를 절이는 것도 화학적인 현상으로 그 원리를 알면 이러한 현상을 지혜롭게 이해할 수 있게 된다. 이 장에서는 우리 생활과 밀접한 화학 분야에 대해서 짚어본다.

세포를 위협하는 트랜스 지방

비주얼 교양 화학

지방이란?

탄소수가 많은 세 개의 고급 지방산(카르복시산)과 지방족 3가 알코올인 글리세롤이 반응하여 만들어지는 에스테르를 지방이라고 한다. 이때 탄소수에 따라 여러 종류의 지방이 만들어진다. 지방은 크게 동물성 지방과 식물성 지방으로 나뉜다.

동물성 지방의 경우 주로 상온에서 고체 상태인데, 곰국을 차가운 곳에 두면 위에 양초처럼 막이 생기는 것으로 확인할 수 있다. 이것은 분자 내 이중 결합이 많지 않기 때문에(포화 지방산이라고 표현함) 녹는점이 높아서 생기는 현상이다.

한편 식물성 지방의 경우 상온에서 액체 상태인데, 가정에서 쓰는 콩기름, 올리브유 등을 보면 확인할 수 있다. 이러한 식물성 지방은 분자 내 이중 결합이 많기 때문에(불포화 지방산이라고 표현함) 녹는점이 낮아서 생기는 현상이다.

 **지방산**

탄소 원자가 사슬 모양으로 연결된 카르복시산을 지방산이라고 하며 포름산, 아세트산 등과 같은 포화 지방산과 아크릴산 등과 같은 불포화 지방산으로 나눌 수 있다.

트랜스 지방이란?

그런데 마가린은 식물성 지방으로 만들어졌는데 고체이다. 마가린은 식물성 지방에 수소를 첨가시키면 녹는점이 올라가고 그에 따라 상온에서 고체로 존재하는 것이다.

액체 상태인 식물성 지방은 불포화 지방산 함량이 높으므로 불안정하여 변질되기 쉽다. 따라서 불포화 지방산을 포화 지방산으로 바꾼 것이 마가린, 쇼트닝 등이다. 이것은 흘러내리지도 않고 사용하기 편하며 값도 싸 쉽게 대중화되었다.

그러나 2002년 미국의학원이 트랜스 지방의 위험을 경고한 이후 문제의 심각성이 대두되었다. 트랜스 지방이란 정상적인 식물성 지방의 모양이 변형된 돌연변이를 말한다. 모양이 좀 변했다고 무슨 큰 문제가 생길까라고 생각할 수도 있지만, 이렇게 변형된 지방은 자기 역할을 할 수 없게 된다.

원래 정상적인 지방은 세포의 막을 만드는 중요한 역할을 하고 있다. 이러한 세포의 막을 만드는 데 이 변형된 지방이 사용된다면 아주 큰 문제가 발생하게 된다.

세포에는 온갖 종류의 세포가 있다. 그 세포 중 면역세포를 만드는 데 트랜스 지방이 사용된다면 면역력이 급격히 약해질 것이다. 또 혈관 세포를 만드는 데 사용된다면 혈관이 막히거나 터져 버릴 수도 있을 것이다. 트랜스 지방은 이러한 무서운 상황을 초래할 수 있는 것으로 사회적인 문제로 떠오르고 있다.

그런데 트랜스 지방은 어떤 경우에 생길까?

전문가들은 다음의 경우에 트랜스 지방이 생길 수 있다고 경고하고 있다.

첫째, 앞에서도 이야기했듯이 경화유(마가린, 쇼트닝)에 트랜스 지방이 들어 있다. 요즘 사회적으로 문제가 되고 있는 과자도 만들 때 대부분 이 기름을 사용하고 있다.

쇼트닝

과자나 빵을 만드는 데에 많이 쓰는 반고체 상태의 기름을 말한다. 목화씨 기름, 쇠기름, 콩기름, 야자 기름, 물고기 기름 따위를 섞어 굳힌 것으로 100% 지방질이다.

둘째, 가열된 식용유에 음식을 볶고 튀기면 트랜스 지방이 생긴다.

셋째, 트랜스 지방은 튀김 음식을 장기간 보관할 때도 생긴다.

이상에서 살펴본 바와 같이 우리 가정에서도 얼마든지 트랜스 지방에 노출될 수 있다는 사실을 알 수 있다.

트랜스 지방을 줄이는 생활 습관

1. 포도씨유, 올리브유 등의 식물성 기름을 사용하고, 한 번 사용한 기름은 다시 사용하지 않는다.
2. 한 번 개봉한 기름은 햇빛에 절대 노출되지 않도록 하고, 반드시 냉장 보관한다.
3. 고올레산 해바라기유, 저리놀레산 콩기름을 사용한다.
4. 마요네즈를 먹으려면 달걀노른자, 신선한 식용유, 식초를 이용해서 적은 양을 직접 만든다.

비주얼 교양 화학

비누가 물과 기름을 섞다!

물과 기름은 절대 섞이지 않을까?

우리는 서로 적대적인 관계에 있는 사람이나 집단을 비유할 때 물과 기름 관계라는 표현을 쓴다. 물과 기름은 서로 섞이지 않는 물질이기 때문이다. 물과 기름은 왜 섞이지 않는 걸까? 그것은 분자 구조에 대조적인 차이가 있기 때문이다.

즉, 물은 극성 물질이기 때문에 극성 물질과만 섞일 수 있고 기름은 무극성 물질이기 때문에 무극성 물질과만 섞일 수 있다. 따라서 극성인 물과 무극성인 기름은 절대 섞이지 않는 것이다.

그런데 이 둘을 섞이게 하는 물질이 있다. 바로 비누다. 유리컵에 물과 기름을 담은 후 아주 적은 비누를 더하여 휘저어 보라. 그러면 물과 기름이 섞이면서 용액은 흰 액체가 된다. 물과 기름이 섞이게

305

하는 비누의 비밀은 분자 구조 속에 있다.

비누의 분자 구조

비누의 분자 구조는 다음 그림과 같은 모양을 하고 있다. 앞에서 비누는 에스테르인 유지와 수산화나트륨이 반응하여 만들어진다고 했었다. 이렇게 만들어진 비누는 머리 부분이 나트륨 이온이 위치하고 꼬리 부분이 탄화수소 구조인 형태를 띠고 있다. 따라서 머리 부분은 전기적 성질을 띠므로 극성 물질인 물과 친하고, 꼬리 부분은 무극성 물질인 기름과 친하다.

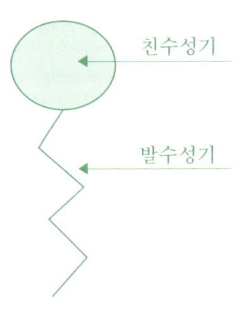

친수성기

발수성기

즉, 비누는 한 분자 안에 물과 기름을 좋아하는 두 가지 성질이 다 있는 것이다. 그래서 기름과도 섞일 수 있고 물과도 섞일 수 있다. 우리가 비누로 세수를 하게 되면 얼굴에 묻어 있던 때(기름 성분)가 비누에 녹아 떨어져 나간다. 물론 물에 잘 녹는 다른 성분들도 다 물에 녹게 되므로 우리 얼굴이 깨끗해지는 것이다. 세탁물도 마찬가지의 원리로 깨끗하게 세척된다. 다음 그림은 세탁물의 때가 벗겨지는 원리를 보여 주고 있다.

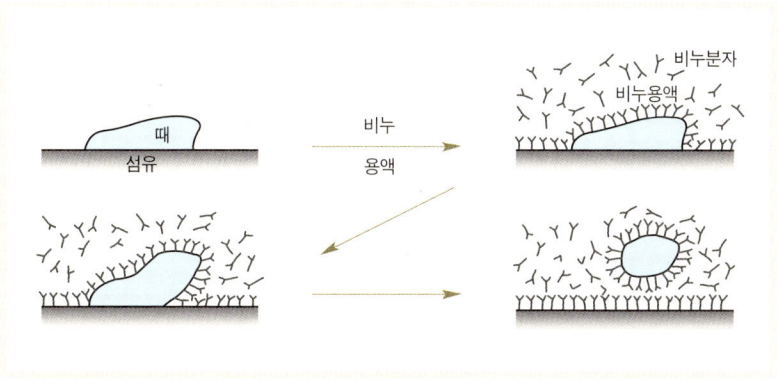

▲ 세척기구의 모식도

계면활성제

친수기와 소수기를 모두 가지고 있는 구조로 되어 있으며, 계면(물과 기름의 경계)에 흡착하여 물과 기름을 서로 섞일 수 있게 하는 물질을 계면활성제라고 한다.

합성세제

그런데 이러한 비누는 염기성을 띤다. 앞에서 염기성은 단백질을 녹인다고 했으므로 비누 역시 단백질을 녹인다. 따라서 단백질이 주성분인 섬유(견이나 모직)의 세탁에서는 문제가 생긴다. 또한 지하수 같은 센물(Mg^{2+}, Ca^{2+}등이 녹아 있어 비누가 잘 풀어지지 않는 물)에서는 거품이 잘 생기지 않고 세척력이 떨어지는 문제점이 있다.

이 문제에 대한 대안으로 등장한 것이 합성세제다. 비누와 합성세제는 모두 물과 기름을 섞이게 하는 물질이다. 그러나 비누는 염기성을 띠지만, 합성세제는 중성이다. 그래서 합성세제를 중성세제라고 부르기도 하는 것이다. 또한 합성세제는 센물이든지 단물이든지 어느 물에나 세척이 잘 된다.

합성세제는 다음과 같이 크게 두 가지로 나뉜다.

$$CH_3CH-(CH_2CH)_n-C_6H_4-SO_3^- Na^+$$
$$\quad\;\;|\qquad\quad\;\;|$$
$$\;\;CH_3\qquad\;CH_3$$

ABS(Alkyl Benzene Sulfonafe) 세제

$$CH_3-CH_2-CH_2-CH_2-CH_2-CH_2-CH_2-CH_2-CH_2-CH_2-CH_2-CH_3$$
$$|$$
$$C_6H_4$$
$$|$$
$$SO_3^- Na^+$$

LAS(Linear Alkyl Benzene Sulfonafe) 세제

초창기 합성세제인 ABS 세제는 환경오염을 일으키는 문제가 발생했었다. 그 이유는 분자 구조상 가지가 많아 잘 분해가 되지 않기 때문이었다. 이에 대한 대안으로 나온 합성세제가 LAS 세제이다. 이 세제는 분자 구조에 가지가 없으므로 미생물에 의해 분해가 잘 된다.

그러나 LAS 세제의 경우 첨가물 때문에 문제가 되기도 하였다. 합성세제에는 세척력을 높이기 위해 첨가제(인산염, 효소제, 표백제)가 들

어가는데, 이것이 수질오염의 원인이 된 것이다.

특히 인산염은 물속 플랑크톤의 먹이가 되므로 조류가 급격히 증가하는 녹조 현상을 일으킨다. 이러한 녹조 현상은 수질 오염의 심각한 원인이 되기도 한다. 그래서 현재는 이러한 인산염의 사용이 금지되고 대신 공해가 없는 지올라이트로 대체되어 사용되고 있다.

그러나 합성세제의 경우, 환경오염은 물론 인체에도 좋지 않다는 보고가 나오고 있기 때문에 대체 물질이 나올 때까지 가급적 그 사용량을 줄이는 노력이 필요하다.

무린 세제

인燐 성분을 없앤 의류용 분말 합성세제로 인 대신 지올라이트를 넣어 만든 것이다.

조상이 물려준 절임 배추의 과학

최고의 선물, 김치

우리 조상들은 우리에게 많은 것을 물려주었다. 그중에 우리가 가장 고마워해야 할 것으로 김치와 된장을 들고 싶다. 많은 선진국의 사람들이 과도한 음식으로 인한 건강 문제로 몸살을 앓고 있는 요즘, 김치와 된장이 최고의 건강식품으로 급부상하고 있다. 특히 김치의 경우 세계 5대 건강식품으로 선정되면서 세계적으로 인기가 확산되고 있는 중이다.

김치를 담글 때 싱싱한 배추를 소금물에 담가 두면 부피가 작아져서 쭈글쭈글하게 된다. 김치를 담그는 사람들은 이때 김치 맛의 절반 이상이 결정된다고 한다. 즉, 어떻게 절이느냐가 중요하다는 이야기다. 그런데 왜 배추는 쭈글쭈글해지는 걸까?

삼투 현상이란?

절인 김치가 쪼그라드는 이유는 용액의 농도 차이 인해 생기는 '삼투' 때문이다.

셀로판 종이나 세포의 막에는 아주 작은 크기의 구멍이 있는데, 물과 같이 크기가 작은 분자는 이 구멍을 통과하지만, 용질과 같이 큰 입자는 이 구멍을 통과하지 못한다. 이러한 성질을 가진 반투막을 사이에 두고 농도가 서로 다른 용액이 있을 때, 낮은 농도의 용액에 있는 용매 분자(물)가 높은 농도의 용액 쪽으로 이동하는 삼투 현상이 일어나게 된다. 배추의 경우도 삼투에 의해 배추 속의 물이 밖으로 이동하기 때문에 쭈글쭈글해지는 것이다.

삼투 현상의 원리를 좀 더 자세히 들여다보도록 하자. 자연 현상의 이치는 대부분 차이기 없어지는 방향으로 흐르게 되어 있다. 압력이 높은 곳에서 낮은 곳으로 공기가 이동하고(바람), 온도가 높은 곳에서 낮은 곳으로 이동한다(전도). 또한 농도가 높은 곳에서 낮은 곳으로 이동하는데, 확산의 경우가 이에 해당한다.

그런데 삼투의 경우 용액 사이에서 일어난다. 용액은 용질과 용매가 서로 섞여 있는 혼합물이다. 따라서 용액에서는 농도가 낮은 곳에서 농도가 높은 곳으로 용매가 이동함으로써 서로 농도의 균형을 맞추려는 현상이 생기게 된다. 반투막을 사이에 두고 진한 용액과 연한 용액이 있으면, 둘의 농도를 같게 하기 위해서 용질이나 용매 분자가 이동하려고 한다. 그런데 반투막은 용매 분자밖에 통과할 수 없다. 따라서 농도가 진한 용액 쪽으로 물이 스며들며, 결론적으로 양쪽의 농도는 같게 되는 것이다.

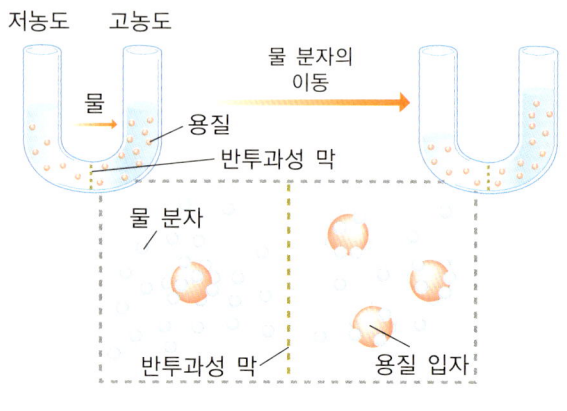

▲ 삼투현상

역삼투도 있다

이제 삼투의 반대 현상이 일어나는 경우를 보도록 하자.

물과 설탕물을 반투막(물만 통과하는 막)으로 분리해 두면 물이 설탕물 쪽으로 이동하므로 수면의 높이 차가 생긴다. 그런데 이러한 삼투 현상을 막으려면 외부에서 설탕 수용액 쪽에 압력을 가해 주어야 한다.

이와 같이 삼투 현상을 막기 위해서 진한 용액 쪽에 가해 주어야 하는 압력을 삼투압이라고 한다. 그런데 만약 용액 쪽에 삼투압보다 더 큰 압력을 가하면 어떤 일이 생길까?

이때는 물이 설탕물 쪽으로 이동하는 것이 아니라 설탕물 속의 물이 반투막을 통해 물 쪽으로 이동하는 일이 일어난다. 이와 같은 현상을 역삼투라고 한다.

역삼투는 바닷물에서 식수를 얻기 위한 방법으로 이용된다. 역삼투를 이용하면 최소한 바다에 사는 사람들은 물 걱정은 하지 않아도 될 것 같다.

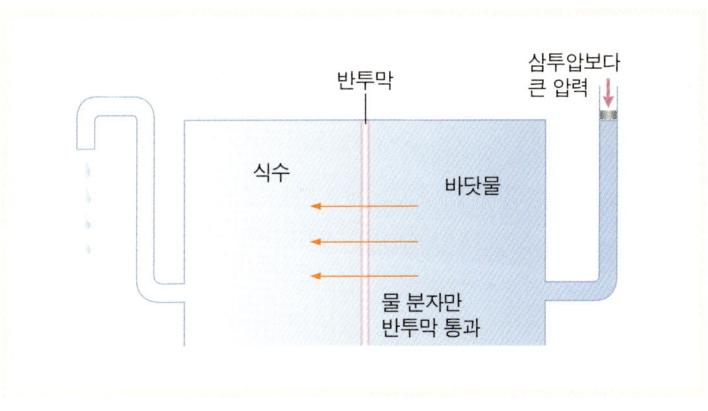

▲ 역삼투의 원리

 삼투압

삼투 현상이 일어날 때에 반투막이 받는 압력을 말한다. 용액의 삼투압은 농도가 그리 크지 않은 범위 내에서는 농도와 절대 온도에 비례하며, 순수 용매의 압력과는 아무런 관계가 없다.

비주얼 교양 화학

유전자는 어떤 물질일까?

유전자란?

부모의 특징을 자식에게 물려주는 것을 유전이라고 한다. 이러한 유전은 유전자라는 물질에 의해 전달된다고 알려져 있다. 그럼 유전자는 도대체 우리 몸속 어디에 있으며, 또 어떤 모양을 하고 있을까?

밝혀진 바에 의하면, 유전자는 DNA라는 유전 물질 속에 들어 있다. 과거에는 유전자가 단백질 속에 들어 있을 것이라고 생각되기도 했지만, 20세기 들어서 DNA라는 유전 물질 속에 들어 있다는 사실이 밝혀졌다. DNA는 세포에 있는 핵 속의 염색체 속에 들어 있는 물질이다.

그러면 유전자는 어떤 모양을 하고 있을까?

유전자의 존재를 이해하기 위해서는 DNA의 구조를 알아야 한다. DNA의 구조를 처음 밝힌 사람은 왓슨과 크릭이다. 그들에 의해 밝혀진 DNA의 구조는 그림에서 보는 것처럼 두 개의 사슬이 새끼줄처럼 꼬인 이중나선 구조를 하고 있다.

그런데 이 구조를 자세히 보면 DNA의 두 사슬 구조 안쪽에 염기쌍(A-T와 C-G)들이 있음을 알 수 있다. 사람의 유전 정보가 바로 이 4종의 염기 A, T, G, C의 배열에 담겨 있는 것이다.

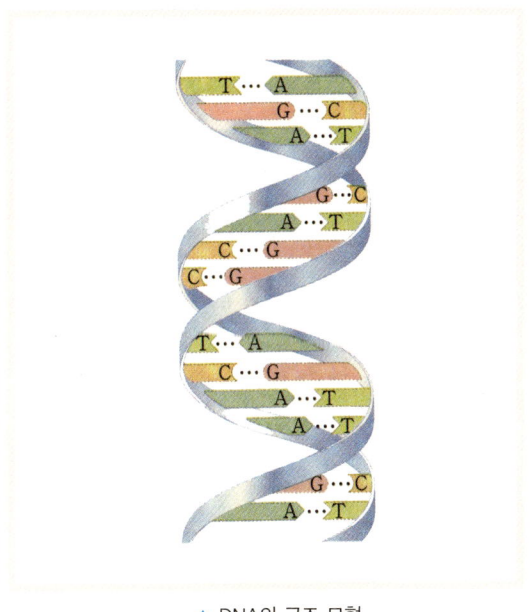

▲ DNA의 구조 모형

이러한 유전자를 담고 있는 DNA는 부모를 통해 다음 세대로 이어진다. 그런데 이 유전자가 기능을 발휘하기 위해서는, DNA가 RNA에 복사되는 과정과 RNA가 단백질로 바뀌는 과정을 거쳐야 한다.

이렇게 만들어진 단백질이 생체 내에서 작용을 하면서 유전자 효과(예를 들어 얼굴이 닮게 하는 등)를 나타나게 만드는 것이다.

생물마다 단백질의 종류가 다 다르다

원숭이가 절대 사람이 될 수 없는 이유는 무엇일까? 가장 큰 이유는 원숭이의 몸을 이루는 단백질과 사람의 몸을 이루는 단백질의 종류가 완전히 다르기 때문이다.

앞에서 고분자 화합물 단백질을 이야기할 때, 지구상에 존재하는 단백질의 종류가 수없이 많다고 했었다. 특히 생물의 종마다 이 단백질의 종류는 서로 다르게 나타나는데, 그 차이는 DNA의 유전 정보의 차이 때문에 나타난다.

즉, 사람과 원숭이의 유전 정보가 다르기 때문에 다른 종류의 단백질이 만들어질 수밖에 없는 것이다. 이렇게 개, 고양이, 원숭이, 코끼리 등은 모두 다른 종류의 단백질로 이루어진 몸을 가지고 있는 것이다.

단 사람의 단백질과 비슷한 동물을 찾으라면 당연히 개보다는 원숭이가 가깝다. 이것 역시 유전 정보 차원에서 이해할 수 있다. 즉, 유전 정보가 사람과 비슷한 것은 개보다는 원숭이이기 때문에 원숭이의 단백질 형태가 개보다 사람과 더 비슷하게 된다.

유전자를 이용하는 시대

요즘 게놈 프로젝트라는 말을 자주 듣는데, 도대체 게놈 프로젝트란 무엇일까?

앞에서도 이야기했듯이 유전자의 정보는 DNA의 염기 서열에 달려 있다. 이러한 염기 서열을 밝히는 것을 '게놈'이라고 부른다. 그런데 이 염기의 쌍이 인간 게놈에서는 30억 개 정도 있다고 한다.

사람들은 이것만 밝히면 인간의 생로병사에 관련된 모든 비밀을 풀 수 있을 것이라고 생각했었다. 그래서 게놈 프로젝트가 시작되었으나 게놈 지도를 분석한 결과, 인간의 유전자수는 그동안 알려졌던 10만 개 정도보다 훨씬 적은 약 3~4만 개 정도밖에 되지 않는 것으로 드러났다.

이것은 단순한 기능만 하는 초파리의 2배 정도밖에 되지 않는 양이다. 그런데 어떻게 이 적은 수의 유전자로 초파리보다 훨씬 복잡한 인간의 형질이 나타난단 말인가! 게놈 프로젝트의 결과는 오히려 새로운 의문만 만들고 말았다.

그렇다면 요즘 문제가 되고 있는 유전자 변형이란 무엇일까? 과거에는 유전적으로 우수한 품종을 교배시켜서 보다 좋은 유전자를 가진 품종을 만들어냈었다.

그러나 인간의 욕심은 여기에서 그치지 않았고, 유전자에 직접 손을 대기까지 이르렀다. 유전자 변형은 유전자에 유용한 정보를 가진

부분을 직접 넣어, 단기간에 품종개량을 할 수 있는 방법이다.

그러나 이렇게 만들어진 유전자 변형 식품이 사람의 몸에 좋지 않을 수도 있다는 주장이 제기되면서 사회적인 문제로 대두되고 있다.

chapter 13
첨단으로 가는 화학

과학 기술이 고도로 발달한 21세기에는 '첨단 과학'이라는 말이 어울린다. 그만큼 과학과 기술이 우리의 상상을 뛰어 넘을 만큼 초고속으로 발달하고 있다. 현재 개발된 화학 물질 중 이러한 '첨단'이라는 말에 어울릴 만한 신소재 물질이 많이 있다. 그중, LCD라고 불리는 액정과 파인 세라믹스, 그리고 전기 전도성 플라스틱 등을 여기에서 다루고자 한다. 이러한 신소재들을 통하여 미래에도 또 어떤 첨단 물질이 개발될지 살펴보자.

01 비주얼 교양 화학

이제 LCD가 지배한다

액정 디스플레이(LCD)란?

지금까지 컴퓨터나 TV용 모니터의 디스플레이에는 CRT(음극선관, 브라운관)가 주로 사용되어 왔었다. 그러나 최근 LCD 모니터가 등장하면서 주목을 받고 있다. CRT는 진공중의 전자빔을 사용하고 있기 때문에, 소형 화면이나 대형화면의 요구에는 대응하기 어렵다는 단점이 있다.

이에 반해 새롭게 등장한 액정 디스플레이(LCD : Liquid Crystal Display)는 두 개의 유리기판 사이에 액정 물질을 주입하고, 외부에서 전압이 가해져 작동하는 디스플레

이 기구다. 즉, 이 액정에 전기가 가해지면 액정의 물질이 90도로 서게 되면서 빛이 통과하지 못하게 된다. 따라서 빛이 통과하지 못하는 부분은 검게 보이게 되므로, 전자시계의 표시 화면 같은 데서 10 : 15 같은 숫자를 읽을 수 있게 되는 것이다.

LCD의 발견과 성장 과정

액정은 오스트리아의 식물학자 라이니져라는 사람이 발견한 물질이다. 그는 어느 날 한 식물에서 이상한 물질을 발견하였다. 그 물질에 빛을 세로로 쬐면 빛이 통과하는데, 가로로 쬐면 빛이 통과하지 못했다. 또 가만히 놔두면 물질들이 일렬로 정렬하고, 여기에 전기를 가하면 90도로 일어서기도 하였다. 그는 이 물질을 액정이라고 불렀는데, 액정이란 액체이면서도 분자가 일정한 방향으로만 규칙적으로 배열되어 있는 상태, 혹은 그러한 성질을 가진 물질을 가리킨다.

이렇게 발견된 액정이 표시기(display device)로 이용될 수 있게 된 것은 1963년 미국 RCA 사에 의해 액정이 전기광학 효과를 나타낸다는 사실이 과학 잡지 〈네이처〉에 발표되면서부터이다. 이어서 1968년 일본의 샤프(Sharp) 사에 의해 LCD의 실용화 가능성이 처음으로 제시된 후, 1973년 최초로 DSM형 LCD 전자계산기 'EL-805'가 상품화되었다. 이때만 해도 LCD는 흑백만을 나타낼 수 있었고 응답 속도와 좁은 시야, 휴대하기에는 높은 소비 전력 등 여러 가지 문제를 안고 있었다.

    그러나 그 후 많은 연구와 개량을 통해 현재는 PC 모니터, 칼라 TV, 오락기계, 자동차 내비게이션 등에 다양하게 쓰이고 있다. 요즘은 CRT 브라운관을 사용하는 사람들은 옛날 사람 취급을 받을 정도로 LCD모니터 사용이 점점 대중화되어 가고 있다.

파인 세라믹스를 아시나요?

비주얼 교양 화학

세라믹스란?

세라믹스는 평소에 우리가 세라믹이라는 말로 듣게 되는 용어이다. 그런데 세라믹스란 무엇일까? 세라믹스의 어원은 그리스어의 keramos로 '점토를 물과 혼합한 것을 불에 구운 물질'이란 뜻을 가지고 있다.

즉, 세라믹스란 도자기, 타일, 기와, 유리 등 천연 광물인 돌이나 점토를 일정한 모양으로 만들어 가마를 이용해서 고온에서 구운 제품 전반을 가리킨다. 이러한 세라믹스는 도자기, 유리, 내화물, 시멘트, 건축 재료 및 연마재 등 광범위한 분야를 포함하고 있다.

이들은 대부분 규산염을 주원료로 하고 있기 때문에 1940년대까지는 일명 규산염 공업이라고 부르기도 하였다. 그러나 제2차 세계대전 이후에 세라믹 산업이 빠른 속도로 발달하였다. 따라서 현재 세라믹스의 정의는 '비금속 무기 재료를 원료로 사용하고 제조 공정에 있어서 고온 처리를 받은 생성물'로 매우 광범위해졌다고 할 수 있다.

파인 세라믹스의 등장

세라믹스는 크게 전통적 세라믹스와 파인 세라믹스(fine ceramics)로 구분할 수 있다. 전통적 세라믹스란 주로 점토 제품, 시멘트 및 유리 등을 말한다. 이에 반해 제2차 세계대전 후 급속도로 발달한 파인 세라믹스는 종전에 사용되었던 규산염 물질 외에도 산화물, 탄화물, 질화물 및 황화물 등의 거의 모든 무기 재료가 사용된다. 이렇게 만들어진 파인 세라믹스는 전통적 세리믹스보다 뛰어난 내구성(물질이 원래의 상태에서 변질되거나 변형됨이 없이 오래 견뎌내는 성질), 기계적 성질, 특수한 전기적 특성 및 화학적 내구성을 갖는다.

◀ 파인 세라믹스

우리 생활 속에서 바로 눈에 띄는 파인 세라믹스의 예를 들면 식칼의 날을 들 수 있다. 이것은 세라믹스의 단단하고(다이아몬드 다음으로 단단함), 튼튼하며 끈기 있는 성질을 이용하고 있다. 세라믹스 날을 가진 칼은 잘 녹슬지 않고, 오랫동안 잘 들며, 음식 냄새가 잘 배지 않는 특징도 가지고 있다.

파인 세라믹스의 무궁무진한 가능성

파인 세라믹스의 응용 분야는 여러 가지가 있으나 크게 구조 재료, 전자 재료 및 생체 재료로 나눌 수 있다.

구조 재료는 내열성, 내마모성 그리고 고강도를 이용한 것으로, 자동차 엔진, 고온 열교환기, 절삭공구 등에 쓰인다. 예를 들면 보통 디젤엔진과 같은 열기관에서는 높은 온도를 만들어 주어야 열효율이 좋아져서 에너지가 절약된다. 따라서 여기에 높은 온도에 견딜 수 있는 재료인 파인 세라믹스를 사용한다면 금상첨화다. 실제로 미국은 파인 세라믹스로 디젤엔진을 만드는 실험에 성공했다.

전자 재료는 세라믹스가 갖는 특이한 전자기적 성질을 이용한 것으로, 서미스터(thermistor), 태양전지 등에 이용되고 있다.

생체 재료는 생물·화학적 특성을 이용한 것으로, 보통 바이오 세라믹이라고 부른다. 이러한 바이오 세라믹으로는 세라믹 인조뼈, 인공치아, 인공심장의 밸브 등이 있다.

  이렇게 다양한 분야에 이용되는 파인 세라믹스는 인류가 개발한 신소재로 잠재력이 매우 크며, 산업 전 분야에 있어서 획기적인 파급 효과를 미칠 수 있는 새로운 희망으로 떠오르고 있다.

 서미스터

온도가 오르면 전기 저항이 감소하는 반도체 회로 소자를 서미스터라고 한다.

전기를 통하는 플라스틱

전기를 통하게 하는 플라스틱

전기에 감전되지 않도록 전선에 피복하는 데, 사용되는 것이 플라스틱이다. 이렇듯 플라스틱은 대표적인 절연 물질이다. 그런데 전기를 통하는 플라스틱이 있다면 믿을 수 있겠는가!

플라스틱은 현대 문명과 함께 등장한 대표적인 물질이라고 할 수 있다. 그러나 불에 타기 쉽고, 수백 년 동안 썩지 않아 환경오염을 일으키는 문제가 발견되었다.

이런 이유로 기존 플라스틱의 단점을 보완한 특수 플라스틱이 개발됐다. 이들이 바로 기능성 고분자로 불리는 플라스틱이다. 이들은 항균이나 전자파 차단, 냄새 제거 등 특수한 기능을 가지고 있다. 하지만 과학자들은 여기에 그치지 않고 금속에 가까운 성질을 갖는 플라스틱을 개발하고자 시도하였다.

　1977년 일본 도쿄기술연구소의 시라카와 박사팀은 화학 실험 도중 촉매를 적정량보다 1,000배나 더 넣는 실수를 했다. 그런데 뜻밖에도 시라카와 박사팀이 찾던 순수한 트랜스(trans)의 '폴리아세틸렌'이 만들어졌다. 폴리아세틸렌은 오래전부터 과학자들 사이에 전기 전도성을 지닐 가능성이 높은 플라스틱으로 지목돼 왔었다.

　이 소식을 전해들은 미국 펜실베이니아주립대학의 앨런 맥디아미드 교수와 물리학자 앨런 히거 교수가 이 연구에 동참했다. 결국 이 세 사람은 폴리아세틸렌에 요오드를 입히면 전기 전도도가 무려 10억 배나 커진다는 사실을 발견했고, 이 공로로 2000년 노벨 화학상을 공동 수상하였다. 이렇게 해서 전기가 흐르는 플라스틱이 개발된 것이다.

우리나라 교수팀이 전기 전도성 플라스틱을 개량하다

　그런데 문제가 발생했다. 이들이 개발한 플라스틱은 전기는 흘렀지만 공기 중에 노출시키면 쉽게 부식돼 제품으로 만들 수 없었다.

　이러한 문제점을 해결한 사람은 다름 아닌 우리나라 과학자들이다. 바로 이광희 부산대 교수팀과 이석현 아주대 교수팀이 그 주인공이다. 이들은 물에서 고분자를 합성하는 기존 방법 대신 물과 기름을 함께 섞어 합성하는 방법으로 새로운 '폴리아닐린'이란 전기전도성 고분자를 개발하게 된다.

기존의 전기 전도성 고분자 물질은 물에서 고분자를 합성했기 때문에 분자 덩어리가 무작위로 붙어 순도가 떨어졌다. 그러나 우리나라 연구팀이 개발한 물질은 물과 기름이 섞이지 않는 현상을 이용했기 때문에 분자가 잘 정렬되어 있고, 따라서 순도가 아주 높다. 이렇게 만들어진 폴리아닐린은 폴리아세틸렌보다 월등히 높은 전기 전도도를 보인다고 한다.

엔지니어링 플라스틱(EP)의 특성

공업·구조 재료로 사용되는 강도 높은 플라스틱을 말한다. 엔지니어링 플라스틱의 특성은 다음과 같다.

- 넓은 온도 범위에서 기계적 강도가 우수하다.
- 가공성이 우수하다.
- 내약품성, 장기 내열성, 내환경성 등이 우수하다.
- 전기적 특성이 우수하고 불연성 내지 난연성(불에 타지 않는 성질)을 나타낼 수 있다.

비주얼 교양 화학

원자력이 미래를 책임질 수 있을까?

원자력의 역사

원자력이란 핵이 변환될 때 생기는 질량 결손으로 방출되는 에너지를 말한다. 그런데 이 원자력 에너지의 역사는 바로 태양 에너지에서 찾아볼 수 있다. 왜냐하면 태양에너지가 바로 핵융합 반응에 의해 생기기 때문이다.

인류 역사에서 원자력의 시작은 유명한 퀴리 부인이 물꼬를 텄다. 퀴리 부인은 남편과 함께 1903년에 핵분열로 인한 방사선을 발견한 공로로 노벨상을 받았다. 그리고 그 후 많은 물리학자들이 핵반응에 관심을 집중하기 시작했다.

▲ 퀴리 부인과 딸들(퀴리 부인 집안은 노벨상을 네 번이나 받은 진기록을 가지고 있다)

결국 알파, 베타 등의 입자를 원자핵에 부딪치면 핵붕괴를 일으키며 방사선을 방출한다는 사실을 알게 되었다. 그러나 알파, 베타 등의 입자로는 한계가 있었다. 알파 입자는 양성을 띠는 헬륨 원자핵이고, 베타 입자는 높은 에너지의 전자인데, 이들 입자로는 우라늄과 같은 무거운 원소를 붕괴시킬 수가 없었다.

이 와중에 진정한 원자력의 발견이 이루어지는 사건이 일어난다. 1938년 독일의 한과 슈트라스만이 우라늄에 중성자를 충돌시켜, 우라늄의 핵분열을 일으킨 것이다. 그리고 그 반응 때 잃어버린 질량은 아인슈타인의 식에 의해 거대한 에너지로 변환되었다. 드디어 원자력 에너지를 발견하게 된 것이다. 그러나 이들이 발견한 것은 단 한 번의 반응이지 연속적으로 일어나는 반응이 아니었다.

1942년, 이탈리아 출신의 세계적인 물리학자 엔리코 페르미가 미국의 지원을 받아 핵분열의 연쇄 반응에 성공하게 된다. 연쇄 반응의 원리는 원자핵에 중성자가 부딪히면 핵이 분열을 일으키며 몇 개의 중성자를 내놓고, 그 중성자가 또 다른 원자핵에 부딪혀 또 붕괴하는 식의 다단계 반응이다.

그러나 가슴 아픈 일이지만, 이 발견은 곧 인류에게 가장 큰 암흑을 드리우게 된다. 이 발견을 이용해 핵폭탄이 만들어졌기 때문이다. 그리고 지금 인류는 핵폭탄의 위협 속에 살고 있다.

방사성과 방사선

원자핵은 보통 안정된 상태로 존재하지만 그중에는 불안정한 상태에 있는 것도 있다. 이와 같이 불안정한 상태에 있는 것이 안정한 상태로 변화할 때 보이지 않는 광선을 방출하게 되는데 이러한 광선을 '방사선'이라 하며 이렇게 방사선을 방출하는 능력을 '방사성'이라 한다. 방사선의 종류에는 알파선(α), 베타선(β), 감마선(γ) 등이 있다.

핵폭탄에서 원자력 발전으로

1953년에 미국의 아이젠하워 대통령은 유엔에서 '원자력의 평화적 이용'을 제창하였다. 이로 인해 많은 국가에서 원자력 발전 등에 관한 연구가 시작되었다. 1956년에는 영국의 콜더 홀 원자력 발전소가 세계 최초로 가동되기 시작했고, 뒤이어 세계 각국에 발전소가 건설되었다.

우리나라는 1962년부터 원자력에 대한 연구를 본격적으로 시작했다. 그리고 1971년에 우리나라 최초의 원자력 발전소인 고리 1호기가 탄생했다.

그러면 원자력 발전의 위력이 어느 정도인지 알아보도록 하자. 다음 그림에 원자력 발전 연료로 쓰이는 우라늄-235 1g을 다른 에너지와 비교하여 나타내었다. 실로 엄청나지 않는가! 1그램이란 양은 단지 콩알만한 크기일 뿐이다.

우라늄 = 235 1그램   석탄 3톤   석유 9드럼

원자력의 원리

천연 우라늄은 45억 년의 반감기를 가지는 꽤 안정적인 우라늄-238이 주성분이며, 그 외에 0.72%의 우라늄-235 등이 들어 있다. 그런데 우라늄-235의 원자핵은 약간 불안정하기 때문에, 중성자가 충돌하면 몇 개로 핵분열하면서 큰 에너지를 방출한다. 이 분열 때 평균 2.5개의 중성자가 방출되는데, 이것 때문에 연쇄적인 핵분열 반응이 일어나게 된다. 따라서 우라늄-235 원자가 밀집해 있고 그리고 일정량 이상 있으면 이 핵분열은 연쇄적으로 확대되어 엄청난 폭발을 일으키는 것이다.

원자력 발전의 미래

현재 우리가 주 연료로 사용하는 석유는 그 매장량이 한정되어 있어, 영원히 사용할 수 있는 미래의 에너지원으로는 한계가 있다. 또한 석유를 에너지로 사용할 때 나오는 오염 물질은 환경에 심각한 영향을 미치고 있는 실정이다.

이에 반해 아주 적은 양으로 다량의 에너지를 만들 수 있고, 오염 물질도 배출하지도 않는 에너지원으로 원자력이 각광을 받고 있다.

▲ 울진 원자력 발전소

그러나 원자력 발전은 이러한 장점에도 불구하고 사고를 미연에 방지할 수 있는 완벽하고 지속적인 안전관리, 사용 후 발생되는 방사성 폐기물의 철저한 처리가 요구된다.

방사성 폐기물에는 기체 폐기물, 액체 폐기물 및 반감기가 짧고 수

십 년 후면 방사성 물질이 없어지는 종이 수건, 작업복 등의 저준위 폐기물이 있다. 이 중 저준위 폐기물은 특수 장치를 통해 안전하게 처리해야 한다.

최근 우리나라에 사회 문제가 되었던 부안 핵폐기장 반대 사건도 이러한 폐기물 처리장의 설치를 반대한 주민들 때문에 일어난 사건이다.

원자력 외 미래 에너지로 자연에너지 태양광, 바람, 파도, 지열, 수소 연료전지 등이 있다.

폐기물 처리 방법

지하 바위 층으로 약 100m 정도 뚫고 들어가 폐기물 드럼을 버린 다음, 점토(찰흙)와 시멘트 콘크리트를 이중으로 덮어 처리한다.

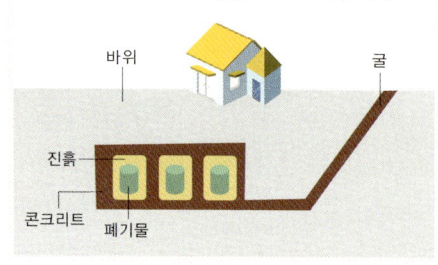

INDEX

가
가수분해	290
가수분해 반응	250
강한 산	133
개미산	134
거름장치	40
거시 세계	162
계면활성제	307
고분자 화합물	281
고체	31
고체 용액	227
공기	25
공유 결정	179
공유 결합	177, 189
공중합	287
광학 이성질체	254
구리	106
구조식	241
규소	75
극성	197
극성 결합	200
금	112
금속	173
금속 결합	183
금속 산화물	68
금속 양이온	186
금속 원소	66
기체	31
기체 용액	227
기호	47
김치	310

나
나트륨	36
녹조	81
농도	226

다
다이아몬드	47, 71
다이옥신	94
단백질	295
데모크리토스	24
도시가스	257
도체	125
동위원소	29

라
리튬	168

마
마그네슘	36
메탄	239
메탄올	265
멘델레예프	52
모양 변화	145
몰	212
몰랄 농도	231
몰수	213
무게	50
무극성	198
무극성 결합	200
무기물	139

337

무린 세제	309
물	97, 203
물리 변화	143
물질	24
물질세계	26, 123
물체	24
미나마타병	118
미시 세계	161

바

발열	151
발열 반응	148
방사선	333
방사성	333
방향족	242
베르셀리우스	44
벤젠	273
보어	163
뵐러	140
부도체	125
부영양화	81
부피	25
분별깔때기	40
분산력	201
분자	30, 192
분자 결정	179
분자 모형	31
분자량	218
분자수	213
분자식	45
불	97
불포화 결합	246
불포화 탄화수소	263
브롬	90

비금속	173
비금속 원소	66
비누	306
비료의 3요소	80
비전해질	125
비활성기체	60

사

산	92, 130
산성 산화물	68
산성비	88
산소	45, 74, 82
산소족	60
산화	154
산화구리	109, 155
산화마그네슘	47
산화알루미늄	47
산화제	158
살리실산	277
삼투 현상	311
삼투압	313
상태 변화	144
생체 원소	87
서미스터	327
석회석	108
설탕	89
세라믹스	324
셀룰로오스	293
소금	27
쇼트닝	304
수산화 이온	103
수산화나트륨	99
수산화칼슘	103
수소	45, 59, 92

수은	119
순금	114
순물질	38
스티로폼	284
시너	274

아

아리스토텔레스	24
아미노산	297
아보가드로수	215
아세트산	132
아세틸렌	262
아스피린	277
아크릴	263
알루미늄	107, 110
알루미늄족	60
알칸	248
알칼리	137
알칼리 금속	60, 97
알칼리 토금속	60, 102
알켄	248
알코올	268
알킨	248
암모니아	78, 181
액정 디스플레이	321
액체	31
액체 용액	227
약한 산	133
양성자	29, 57
양자역학	164
양잿물	131
양쪽성 원소	56
양철	10
얼음	207

에스테르	272
에탄	265
에탄올	265
에틸렌	262
역삼투	312
연소열	261
연속설	23
염기	130, 135, 137
염산	132
염소	90
염화 칼슘	105
염화나트륨	47, 175
염화수소	181
오비탈	166
오수화물	109
오존	83
오존경보	84
오존주의보	84
오존층	85
옥타브 법칙	53
요오드	90
용매	227
용액	226, 227
용질	227
용해	227
용해 현상	145
용해성	202
원소	54, 171
원소수	62
원소기호	44
원자	27, 35, 54, 66
원자 구조	72
원자가전자	63
원자가전자수	63
원자량	58, 217

원자력	331, 334
원자력 발전소	335
원자번호	57
원자의 성질	28
원자수	213
원자핵	35, 65
유기 화합물	235
유기물	139
유발 이중 극자	201
유전자	314
은	112
은거울 반응	269
이말감	118
이산화탄소	74, 103
이산화황	88
이성질체	251
이온	29, 34, 35
이온 결합	173
이타이이타이병	119
이글루	153
인	80, 82
인력	65
입자	24

자

작용기	245, 264
재료	26
적조	81
전기음성도	196
전자	29
전자구름	165
전자껍질	62, 166
전자쌍	182
전하	29
전하량	34
전해질	125
젖당	292
조해성	136
주기	62
주기율표	51, 55
중금속	116, 120
중성자	29, 57
증류	40
지각	76
지방	301
지방산	302
질량	25
질산	115
질소	45, 77, 80
질소 산화물	78
질소족	60

차

천연가스	260
철	106
첨가 중합	283
축합 반응	250
축합 중합 반응	284

카

카르복시산	268
칼륨	80
컵	26
캐럿	114
코크스	108
퀴리 부인	332
크로마토그래피	40

타

탄산칼슘	104
탄산나트륨	100
탄산수소나트륨	100
탄소	45, 71, 74
탄소 화합물	235
탄소족	60
탄수화물	290
탄화수소	239
트랜스 지방	302
트리할로메탄	93

파

파스	277
파인 세라믹스	325
퍼센트 농도	228
표면 장력	118
풀러렌	71
플라스틱	328
플루오르	36, 90, 169

하

할로겐	60, 90
할로겐족	90
함석	110
합성세제	307
핵	29
헤모글로빈	117
혼성 중합	287
혼합물	39
혼합물질	38
홑원소	91
화산 폭발	87
화석원료	88
화학	23
화학 결합	170
화학 반응식	150, 223
화학 변화	143
화학식	48
화합물	170
확산	31
확산 현상	145
환원	154
환원제	158
황	45
황산	88, 115
황산구리	109
황화수소	86
황화은	115
흑연	71
흡열	151
흡열 반응	148

기타

DNA	315
LCD	321
ph	137
ppm	228

비주얼 교양 화학

지은이 • 이경윤　　　　감　수 • 이종호
펴낸곳 • (주)삼양미디어　펴낸이 • 신재석

등　록 • 제 10-2285
주　소 • 121-840 서울시 마포구 서교동 394-67
전　화 • 02)335-3030　　팩　스 • 02)335-2070
홈페이지 • www.samyangm.com
이 메 일 • book@samyangm.com

1판 1쇄 발행　2007년 8월 14일
ISBN • 978-89-5897-082-8

책 값은 뒤표지에 있습니다.
잘못 만들어진 책은 구입하신 서점에서 바꾸어 드립니다.